KB252047

바느질로 하나
뜨개질로 하나 더

One More Please!

료카이 카즈코 지음

Sewing

Knitting

Intro

스무 살 때요. 참 이상하다 생각했었어요.

바느질하느라 시간 가는 줄도 모르는 사람들을 보면서요.

왜 그러지? 귀찮지도 않나? 나는 바느질하는 거 정말 싫던데… 그랬었거든요.

세월이 흐르고, 진짜 여자가 되면서야 알게 되었습니다.

바느질의 기쁨이라는 게 있다는 것을.

정말 그래요. 바느질을 하는 여자들이라면 누구나 아는 게 있습니다.

바느질도 중독이라는 것. 일단 바늘을 손에 잡으면

무언가 뚝딱 만들어 내지 않고서는 쉬 놓아지지 않는다는 것.

그 시간에는 마음 안의 먹구름들이 거둬지기 때문인지도 모르겠습니다.

소소한 삶의 걱정거리들이 덤덤히 묻히는 거지요.

꽃무늬, 체크무늬, 우리 아이가 좋아하는 동물 그림에 땡땡이와 알록달록 무지….

손바닥만 한 조각 천들을 한 땀 한 땀 이어가는 이상한 행복이란,

느껴보지 않은 사람들은 알 수 없는 또 하나의 인생이거든요.

"귀찮게 뭘 그런 걸 만들어? 나 같으면 하나 사겠다. 싸고 좋은 거 많던데."

입을 쭉 빼물고 바느질에 빠져 있는 아내를 보면 남자들은 말합니다.

하기는… 어떻게 알겠어요. 돈 들여 하나 사면 그만인 물건과

마치 아기를 낳듯 내 손으로 빚어낸 값진 물건의 차이 같은 걸 말입니다.

바느질 좋아하는 당신에게 선물하고 싶은 참 사랑스러운 아이들이 있습니다.

자잘한 주방 소품에서부터 리빙 소품, 데코 용품,

그리고 스타일리시한 개성이 담긴 패션 소품들까지….

이 책 속에는 그 고운 물건들을 만들어 볼 수 있는 친절한 비법들이 가득합니다.

오늘은 바느질을 시작해 보세요.

그렇게 또 하루, 착한 여자의 하루를 지내보는 거지요.

바 느 질 좋 아 하 세 요 ?

뜨개질 좋아하세요?

졸린 눈을 비비면서 뜨개질을 하던 때가 있었습니다.

뜨개질로 나라를 구할 것처럼, 꼭 그랬었어요.

누군가에게 주고 싶은 마음이 있어서였습니다.

내 마음을 한 코씩 엮어 만든 무엇을 그 사람에게 선물하고 싶어서요.

그때 생각했습니다. 뜨개질은 '사랑'이구나, 하고.

그렇지 않았던가요? 사랑하는 사람에게만 주고 싶잖아요.

사랑하지 않고서야 긴 시간, 그렇게 촘촘히 정성을 쏟아가면서

무언가를 만들어낼 이유가 없을 테니까요.

썩 대단치는 않아도 내 진심을 엮어 만든 물건은 참 값진 것이니까요.

사랑하는 마음을 이어가는 게 뜨개질입니다.

내 남편, 내 아이, 부모님, 연인이나 친구들.

그 사람에게 잘 어울릴 만한 색깔의 실을 골라서

한 코 또 한 코 떠내려가는 일이란 그야말로 무념무상의 행복 같습니다.

공들여 뜬 목도리, 장갑, 조끼와 스웨터, 모자 같은 것들을

선물하는 뿌듯함이야 말로 다 할 수가 없으니까요.

그런데요. 누군가의 선물이 되는 뜨개 아이템도 좋지만,

나에게 선물하는 뜨개질을 시작해 보는 것도 괜찮지 않겠어요?

매일 쓰는 주방 장갑, 포트 매트, 꽃장식이 달린 쿠션 커버,

겨울 멋쟁이로 만들어줄 목도리와 핸드백… 아이템도 참 무궁무진합니다.

첫사랑을 위한 첫 선물 같은 사랑의 뜨개질.

밤을 새워 떠내려가도 지루한 줄 모르는 이상한 기쁨.

오늘은 뜨개질을 시작해 보세요.

그렇게 또 하루, 소소한 기쁨들을 한 코씩 이어가며 하루를 보내는 거지요.

바느질을 좋아하는 여자는 뜨개질도 좋아해요.

만드는 거니까, 내 손이 빚어내는 귀한 물건들이니까.

그러다 재미있는 발상이 떠올랐습니다.

비슷한 거, 닮은 거, 오누이나 쌍둥이처럼 똑같은 물건을

바느질로 하나, 뜨개질로 하나 더 만들어 보면 어떨까, 하는 생각.

보석을 사겠다는 것도 아니고, 명품 백을 지르겠다는 것도 아니니까.

그저 천 한두 마쯤 사고, 털실 뭉치 몇 개 사면 되는 거니까.

그러면 그 아이들 앞에 놓고 몇 날 며칠 행복할 테니까 괜찮지 않겠어요?

꽃무늬 원단으로 고운 쿠션 몇 개 만들고,

꽃 모티브 뜨개로 쿠션 커버 하나 더 만들어서,

쌍둥이 쿠션 가족들을 만들어주면 볼품없던 우리 집 소파가

한결 생기 있는 모습으로 변신하게 될 테니까요.

그럼 시작해 볼까요? 바느질로 하나, 뜨개질로 하나 더!

그러려면 시장부터 뒤져야겠지요?

천도 사고, 뜨개실도 사러 시장에 나가 보세요.

가기 전에 책 속의 소품들 샅샅이 뒤지면서

가장 먼저 만들어볼 핸드메이드 목록부터 챙기셔야 해요.

바느질과 뜨개질 덕분에 하루하루가 조금은 생기 있어지겠지요?

자, 그럼 어디 한번 시작해 볼까요?

그럼 이건 어때요?

바느질로 하나, 뜨개질로 하나 더…

쌍둥이 소품을 만들어보는 것!

Contents

01

Kitchen & Living Goods

02

Fashion Styling Goods

03

Lucky Day & Life Goods

How to make

Basic technique

책 속의 이니셜 보는 법
이 책은 모든 아이템에 대해 천과 니트 작품을 한 쌍으로
소개하고 있다. 각 페이지의 작품 앞에 표시된 F(Fabric)와
K(Knit)는 바느질 소품과 뜨개질 소품을 뜻한다.

F ⟶ 천(Fabric)으로 만든 바느질 소품

K ⟶ 뜨개질(Knit)로 만든 소품

01

Kitchen&Living Goods

여자의 일상에 향기를 심어줄 꽃송이 같은 살림

매일매일 많은 시간을 소비하게 되는 요리와 집안일.

여자에게 요리와 집안일은 피할 수 없는 일상이다.

그렇다면 나만의 색깔이 담긴 핸드메이드 소품들로

살림하는 시간과 공간에 생기를 더해 보는 것은 어떨까.

요리를 더욱 신명나게 해주는 키친 아이템,

그리고 밋밋한 공간을 더욱 즐겁고 편안하게 해주는 작은 소품들.

소박한 행복을 가져다주는 소품들을 직접 만들어보자.

26. white wreath

15. kitchen cloth

19. fring pot mat

20. stock bag

16. oven mitten

17. oven mitten

21. stock bag

27. white wreath

23. flower cushion

22. flower cushion

24. lamp ornament

25. lamp ornament

18. fring pot mat

14. kitchen cloth

KITCHEN CLOTH 키친클로스

키친클로스는 흡수성이 좋은 리넨이나 코튼이 최적의 소재.
틈날 때마다 한두 장씩 만들어 바구니 속에 차곡차곡 정리해 두면
의외로 멋스러운 기분을 느낄 수 있다.
행주로도, 매트로도 사용할 수 있는 다재다능한 아이템.
오리지널 이니셜을 직접 수놓아 사용하면 더욱 애착이 가는 소품이 될 듯.
how to make p.68

14

KITCHEN CLOTH 키친클로스

내추럴한 분위기를 한껏 살려 대바늘로 짠 니트 소재의 키친클로스.
옆 장의 천으로 만든 키친클로스와 함께 활용하면
더욱 감각적인 느낌을 즐길 수 있다.
크로스 스티치로 수를 놓은 이니셜이 포인트 역할을 톡톡히 한다.

how to make p.69

F OVEN MITTEN 주방 장갑

요리하는 시간 자주 사용하는 소품 중 하나가
바로 주방 장갑이다. 빈티지한 천의 느낌을 살려
사용할 때마다 기분이 좋아지는 핫한 아이템.
과일 문양을 곁들이고, 어울리는 조각 천을 패치워크로 더한
독특한 디자인이 눈길을 사로잡는다.
how to make p.70

이번에는 뜨개실을 사용해 만든 주방 장갑이다.
어릴 때, 엄마가 짜주셨던 벙어리장갑을 떠올리게 하는 소품.
새빨간 면실로 만든 뒤 앙증맞은 앵두 열매를 곁들여
사랑스러운 느낌이 더욱 살아난다.
주방 분위기까지 밝게 만드는 귀여운 장갑은
여러 개 만들어 돌려가며 사용해도 좋을 듯.
how to make p.72

FRINGE POT MAT 프린지 포트 매트

마음에 드는 조각 천들을 테이프처럼 길게 이어 코바늘로 떠서 만든 프린지 매트
쓰고 남은 원단들을 모아 두었다가 활용하기에 제격이다.
주방에 밝고 화사한 분위기를 선사할 수 있는 감각적인 아이템으로
정성껏 만들어 지인들에게 선물하기에도 좋다.
how to make p.74

K FRINGE POT MAT 프린지 포트 매트

뜨개질에 자신 없는 초보자도 쉽게 만들 수 있는 방법 하나!
방안뜨기를 베이스로 몸판을 만든 뒤
실 묶음을 몸판에 연결시키기만 하면 프린지 매트 완성.
좋아하는 색깔의 실을 밸런스 좋게 매치하여 만드는 것이 포인트.
한두 가지 색깔의 실로 심플하게 만들어도 포근한 느낌이 살아난다.
how to make p.75

F STOCK BAG 스톡 백

주방에서 수납은 중요 포인트 요소.
로맨틱한 느낌의 꽃무늬 원단으로 만든 스톡 백은
주방 벽면에 걸어 두기만 해도 멋스러운 데다
여기저기 굴러다니는 작은 살림들을 정리해 두기에 제격.
외출할 때나 피크닉을 갈 때, 물병 같은 것을 담아도 좋다.
how to make p.76

K STOCK BAG 스톡 백

같은 스톡 백이라도 천과 니트로 된 것은 느낌이 매우 다르다.
천으로 만든 것과 비슷한 색깔의 실에
비슷한 무늬를 넣어 짠 아이디어 만점의 스톡 백을
세트로 걸어놓고 사용하는 것도 센스 만점.
시장 갈 때, 가벼운 외출을 할 때 손가방으로 대신하기에도 적합하다.
how to make p.78

F FLOWER CUSHION 플라워 쿠션

개성 있는 쿠션 몇 점만 곁들여도 싫증난 소파를
한결 새로운 느낌으로 꾸밀 수 있다.
로맨틱한 장미 무늬 원단을 오려서 아플리케로 완성한
여성스러운 이미지의 쿠션 두 점.
서로 잘 매치되는 색으로 만들어 세트 감각을 살린다.
체크 천과 귀여운 방울로 가장자리를 장식해 아기자기한 효과를 더했다.
how to make p.80

22

K FLOWER CUSHION 플라워 쿠션

장미 문양을 아플리케로 곁들인 복고 감각의 쿠션 커버가
집 안 분위기를 더욱 화사하게 살려 준다.
빨강과 핑크의 장미 모티브가 사랑스러운 느낌을 살려주는 뜨개 꽃 쿠션.
다양한 색깔을 매치시켜 어떤 색의 소파와도 잘 어울릴 듯하다.
플라워 모티브를 서로 다른 색깔로 떠서 매치시키는 것도 방법이다.

how to make p.82

F LAMP ORNAMENT 램프 장식

복고 감각의 전선에 알전구를 곁들여 만든 평범한 램프.
전선에 간단한 플라워 장식을 더해 주니
시중에서 쉽게 찾아볼 수 없는 독특한 램프가 완성됐다.
가는 레이스에 거즈 혹은 앤티크 레이스를 붙여서 만드는 것이 방법.
플라워 모티브의 복고적인 분위기는 앤티크 가구와 매치하기에도 제격.
의외로 고급스러운 감각으로 공간을 장식할 수 있다.
how to make p.84

24

K LAMP ORNAMENT 램프 장식

화이트 감각으로 만든 패브릭 램프 장식과 달리,
조금 컬러풀한 느낌의 뜨개 장식으로 만들어 보는 것도 재미있지 않을까.
나뭇가지에 핀 꽃과 열매의 느낌을 풍기는 램프 장식.
기념일 등을 맞이하여 특별한 날 분위기를 연출하고 싶을 때 활용하면 효과 만점!
how to make p.85

WHITE WREATH 화이트 리스

리스는 집 안 어디에 두어도 멋이 살아나는 다용도 장식 소품.
벽이나 문에 걸어 활용해도 좋고, 테이블 위에
얹어만 두어도 화사한 느낌을 살릴 수 있다.
시중에서 판매하는 리스 틀에 테이프 모양으로 짤막하게 커팅한 천과
레이스를 붙여주는 것만으로도 멋진 리스가 완성!
원단을 돌돌 말아서 장미 모양으로 만든 장식을 더해
더욱 풍성한, 마치 꽃밭 같은 멋을 자아낸다.
화이트나 아이보리 등으로 색을 제한해 단아한 느낌을 살리는 것이 포인트.
how to make p.86

WHITE WREATH 화이트 리스

천으로 만든 화이트 리스가 마음에 쏙 든다면
이번에는 뜨개실을 사용한 리스 하나를 더해 매치해 보는 것이 어떨까.
역시 시판되는 리스 틀에 펠트 터치의 굵은 털실과 망사를
적절히 배치해 만든 심플한 화이트 리스.
망사는 리스를 만든 후 표면을 넓게 펴서 볼륨감을 살려주면 더욱 멋스럽다.
천과 니트, 두 가지 소재로 만들었지만
다채로운 세트 느낌을 완성하기에 안성맞춤이다.

how to make p.87

02
Fashion Styling Goods

멋쟁이들을 위한 낭만 100℃ 패션 스타일링 소품

값비싼 물건으로 치장하는 즐거움도 남다르지만
세상에 둘도 없는, 오직 나만의 핸드메이드 소품으로
멋 내기에 도전하는 것도 차원이 다른 행복이다.
핸드백, 파우치, 머플러와 팔찌….
스타일링 아이템으로 빼놓을 수 없는 실속 만점의 패션 소품들!
내가 좋아하는 소재나 색깔을 살려 직접 만든 오리지널 아이템으로
외출할 때마다 생기 넘치는 즐거움을 만끽해 보자.

33. rose corsage

46. covered button

45. yoyo motif pouch

38. rose motif bracelet

37. flower motif pouch

36. flower motif pouch

34. mini muffler

41. tote bag

32. rose corsage

44. yoyo motif pouch

43. granny's retro bag

40. tote bag

42. granny's retro bag

47. covered button

39. rose motif bracelet

35. mini muffler

F ROSE CORSAGE 장미 코르사주

올드한 빈티지 느낌의 장미꽃을 이미지화하여 만든
코튼 소재 코르사주로 평범한 의상에 생기를 더하는 것은 어떨까.
미묘한 핑크 컬러의 그러데이션을 이용하여
큼지막한 꽃잎을 조화롭게 중첩시키는 것이 포인트.
그린 컬러 원단으로 잎사귀를 더해 싱그러운 느낌을 살린다.

how to make p.88

ROSE CORSAGE 장미 코르사주

핑크와 보라색 실을 그러데이션 느낌으로 매치한,
탐스러운 꽃잎을 한 장 한 장씩 떠서 완성한 니트 코르사주.
즐겨 입는 옷의 컬러에 맞춰서 실의 색깔을 고르면
한결 다채롭게 활용할 수 있는 장식 소품이 된다.
원단으로 만든 코르사주와 마찬가지로 그린 컬러의 뜨개 잎을 더하니
한결 화사한 이미지를 연출해 준다.

how to make p.89

MINI MUFFLER 미니 머플러

부드럽고 따뜻한 한겨울 고급 소재인 캐시미어 원단에
다양한 색감과 패턴의 조각 천을 덧대어 만든 핸드메이드 머플러.
어디에서도 구할 수 없는 나만의 개성 소품으로 안성맞춤이다.
하단의 장식 원단들을 어떻게 조합하는가에 따라
다채로운 변화를 주기에도 제격이므로
지니고 있는 겨울 아우터의 컬러에 맞게 마무리하는 것이 방법.
how to make p.90

MINI MUFFLER 미니 머플러

테디 베어 터치의 볼륨감 있는 소재를 활용한 니트 머플러.
따뜻한 느낌의 모헤어로 뜬 꽃 모티브를 부착하여
포근하면서도 화사한 멋을 더했다.
두툼한 스웨터에 곁들이거나 캐주얼한 아우터와 매치하기에 좋다.
how to make p.92

FLOWER MOTIF POUCH 플라워 모티브 파우치

리넨 소재 원단을 사용하여 만든 깔끔한 스타일의 파우치.
레드 컬러 리넨을 스트라이프 형태로 매치하고,
손으로 박음질해 만든 마거리트가 악센트 역할을 톡톡히 한다.
화장품에서 자잘한 소품들까지, 혹은 여행 갈 때
꼭 필요한 필수 아이템으로 등극할 만한 럭키 아이템.
how to make p.94

FLOWER MOTIF POUCH 플라워 모티브 파우치

레드와 화이트의 리넨 실을 섞어서 짠 개성 있는 킨챠쿠 파우치.
천으로 만든 옆 장의 파우치와 마찬가지로 마거리트를 부착하여
리넨 파우치와 세트 분위기를 연출할 수 있게 디자인했다.
폭신하고 따뜻한 실의 느낌까지 더해져서
여자에게 꼭 필요한 살림들을 넣어 들고 다니기에 더할 나위 없이 좋다.
how to make p.98

F ROSE MOTIF BRACELET 장미 모티브 팔찌

카키색 벨벳 리본을 활용해 만든 볼륨감 있는 장미 모티브 팔찌.
특별히 까다로운 바느질도 없이 레드와 핑크의 벨벳 원단을
돌돌 말아서 만든 꽃 모티브만 부착하면 완성되는 강력 추천 아이템이다.
일상에서는 물론, 파티 의상에 매치하면 한층 업그레이드된 멋을 낼 수 있다.
how to make p.98

K ROSE MOTIF BRACELET 장미 모티브 팔찌

사랑스러운 장미 줄기와 잎을 베이스로 삼고,
귀여운 미니 장미가 활짝 피어 있는 듯한 분위기를 연출한 팔찌.
꽃송이를 서로 다른 색으로 짜서 매치시킴으로써
한결 다채로운 분위기를 연출할 수 있게 했다.
칙칙한 겨울옷에 원 포인트 역할을 톡톡히 해준다.

how to make p.99

F TOTE BAG 토트백

작지만 의외로 쓸모가 많은 라이트 블루 컬러 토트백.
장바구니 스타일의 귀여운 디자인에
장식으로 핸드 스티치와 레이스 코르사주를 더해
스타일리시하면서도 여성적인 매력을 살렸다.
how to make p.100

K TOTE BAG 토트백

천으로 만든 토트백과 똑같은 형태의 핑크 컬러 니트 토트백.
실을 2겹으로 하여 뜨면 더욱 탄탄한 느낌을 줄 수 있다.
진한 핑크색 바탕에 장식으로 부착한 흰색 꽃 묶음이 매력을 더한다.
실의 색깔에 따라 다채로운 분위기를 연출할 수 있는 데다
한 가지 기법으로 완성할 수 있어 색색깔로 구비해 보기에도 제격이다.
how to make p.102

GRANNY'S RETRO BAG
할머니 스타일 레트로 백

오래전부터 자리 잡기 시작한 해묵은 복고 감각의 파워!
레트로 스타일의 인기가 좀처럼 사라지지 않을 기세다.
그중 1900년대 할머니 스타일의 핸드백도 단연 인기 만점 아이템이다.
꽃무늬 천을 사용, 주름을 잡아 만든 둥근 형태의 백은
자유로운 형태라 들고 다니기에도 편하고,
많은 양의 소품들을 넣을 수 있다는 것도 기분 좋은 장점이다.
레드와 그린이 조합된 컬러 감각으로 복고의 기분이 더욱 살아난다.
how to make p.104

K GRANNY'S RETRO BAG

할머니 스타일 레트로 백

다소 촌스러운 듯 보이는 꽃무늬 원단으로 만든
레트로 백도 좋지만 진짜 할머니 감각을 살리기에는
니트 소재를 따를 수 없을 듯.
꽃 모양의 똑같은 모티브들을 연결하여 만든 것이 특징.
좋아하는 색과 무늬를 선택하여 조화롭게 매치하면
이 세상에 단 하나뿐인 나만의 핸드백으로 완성할 수 있다.

how to make p.106

F

YOYO MOTIF POUCH
요요 모티브 파우치

레드와 핑크계의 각기 다른 패턴 원단을 활용한
동글동글 사랑스러운 요요 퀼트가 베이스!
마치 부케 같은 디자인으로 완성한 감성 파우치다.
화려하고 개성이 넘치는 스타일로
가방 속에 넣어 들고 다니며 파우치로 사용하기에도 좋고,
여성스러운 옷차림에 핸드백처럼 활용하기에도 충분하다.

how to make p.108

K YOYO MOTIF POUCH
요요 모티브 파우치

살구, 체리, 민트, 초코…
달콤한 마카롱을 이어 놓은 것 같은
독특한 분위기의 파우치.
도톰하고 폭신한 감각의 뜨개실을 사용해
사랑스러운 느낌이 한결 더 살아난다.
책 속의 작품처럼 알록달록한 배색으로 조화시키면
화려한 느낌으로 완성할 수 있고, 차분한 모노톤의
뜨개실로 완성하면 보다 지적인 느낌을 즐길 수 있다.

how to make p.110

F COVERED BUTTON
싸개 단추

작은 천 조각들을 모아 만드는 싸개 단추.
직접 옷에 달거나 브로치 대신으로 사용할 수도 있지만
유리병이나 머그컵에 담아 놓기만 해도 멋진 룸 액세서리가 된다.
밋밋한 옷에 서로 다른 싸개 단추를 달면
손쉽게 개성 만점의 분위기를 연출할 수 있게 해주는 럭키 아이템.

how to make p.112

K COVERED BUTTON
싸개 단추

뜨개실을 사용해 촘촘하게 떠서 만든 베이스에 수를 놓은 뒤
복고풍 분위기로 완성한 싸개 단추도 추천한다.
즐겨 입는 재킷이나 단색 스웨터 등에 부착하면
단추로서는 물론이고, 브로치 대신으로 활용할 수 있어 대만족.
톡톡한 두께 감의 진 소재 아우터에 곁들이는 것도 멋스럽다.
how to make p.113

03
Lucky Day & Life Goods

핸드메이드 마니아다운 품격을 선물하는 감성 소품

손으로 조물조물 만드는 즐거움에 빠진 사람들에게서는

저마다의 특별한 감각이 묻어나게 마련이다.

세상 어디에나 있는 흔한 트렌디 아이템을 거부한다고나 할까.

평범한 것도 작은 손길을 더해 나만의 색깔로 변신시키는 능력 같은 것.

볼 때마다 입가에 미소를 번지게 하는 고슴도치 모양의 핀 쿠션,

내 아이의 생일이나 기념일에 활용하면 좋은 작은 깃발들,

다이어리 위에 천과 니트로 옷을 해 입히는 정성까지….

보는 것만으로도 행복한 기분을 선사하는 핸드메이드 소품들을 소개한다.

돈으로는 구할 수 없는 나만의 소품을 만들어 사용한다면

생활의 즐거움도 배가되지 않을까.

55. needle case

53. pin cushion

56. flower magnet

62. flag stick

60. book & diary cover

61. book & diary cover

57. flower magnet

63. flag stick

59. mini flower

52. pin cushion

58. mini flower

54. needle case

PIN CUSHION 핀 쿠션

인조 모피를 사용해서 만든 고슴도치 모양의 핀 쿠션.
핀 쿠션은 핸드메이드 소품에서 빠지지 않는 필수 아이템이다.
바느질을 좋아하는 여자들에게는 꼭 필요한 살림인 데다
가만히 놓아두기만 해도 장식 효과까지 덤으로 안겨주어
여자들이 특히 좋아하는 살림 중 하나다.
how to make p.114

K PIN CUSHION 핀 쿠션

실로 뜬 고슴도치 핀 쿠션도 사랑스러운 느낌을 물씬 더한다.
몸체 부분의 실을 실제 고슴도치 털과 가장 비슷한
느낌이 나는 뜨개실을 선택하여 완성하는 것이 이 작품의 포인트.
고슴도치의 얼굴 표정을 다양하게 연출해 보는 즐거움도 남다르다.
how to make p.116

NEEDLE CASE 바늘 케이스

다양한 색깔의 펠트지를 사용해서 만드는 바늘 케이스.
시접분 없이 핑킹가위로 오려서 바느질만 하면 완성되기 때문에
바느질에 자신 없는 사람들이라도 누구나 쉽게 도전할 수 있다.
앵두 모양의 모티브를 곁들여 사랑스러운 느낌을 강조했다.
how to make p.118

NEEDLE CASE 바늘 케이스

실로 떠서 만든 바늘 케이스는 마치 미니 앨범과 흡사하다.
강하게 대비되는 실을 사용하고, 핑크색 실로 꽃을 수놓아
귀여움을 더했다.
블루와 레드의 감각적인 컬러 매치가 산뜻한 느낌을 강조한다.
how to make p.120

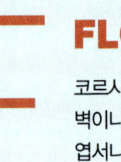

FLOWER MAGNET 플라워 마그넷

코르사주를 작은 사이즈로 만든 플라워 마그넷.
벽이나 냉장고 등에 붙여서 사용하면 멋진 인테리어 효과까지 준다.
엽서나 사진 등을 마음에 드는 것으로 골라 장식하면
액자 없이도 독특한 공간의 멋을 연출할 수 있다.
블루, 핑크, 화이트 등 다채로운 색감과 소재의 원단을 사용해
감각적인 느낌을 더욱 강조할 수 있게 만들어 보자.

how to make p.122

K FLOWER MAGNET 플라워 마그넷

이번에는 털실을 활용해 만든 플라워 마그넷이다.
털실로 만들 경우 가능하면 가는 실을 사용하는 것이 포인트.
집에서 쓰고 남은 자투리 실을 모아
얼마든지 개성 있는 모양으로 만들 수 있다.
지인들에게 선물로 나눠 주기에도 안성맞춤인 소품이다.
how to make p.123

MINI FLOWER 미니 플라워

코튼과 리넨 소재의 거즈를 중첩시켜 만든
내추럴 분위기의 미니 플라워.
꽃심 부분에 향수를 살짝 뿌려 실내 공간에 놓아두면
기분 좋은 힐링 효과까지 더해 준다.
how to make p.124

K MINI FLOWER 미니 플라워

붉은색 리넨 실로 귀여운 미니 플라워를 완성.
꽃심은 베이지 계열의 리넨 실로 모양을 냈다.
우리 집의 실내 컬러나 느낌에 맞춰 실의 컬러를 정하면 한층 센스 있는 아이템이 된다.
각기 다른 컬러의 실을 사용해 꽃밭 같은 느낌을 내는 것도 좋다.
how to make p.125

59

BOOK & DIARY COVER
북 & 다이어리 커버

북 커버는 책을 보호하는 역할도 하지만
책에 자꾸만 손이 가게 만들어 독서하는 습관도 길러준다.
좋아하는 체크무늬나 꽃무늬 천을 이용하여
책을 충분히 감쌀 수 있는 크기로 만든다.
다이어리 커버로 활용하기에도 제격이다.
가방 속에 하나쯤 갖춰두면 나만의 개성을 한껏 살려줄 소품이다.
how to make p.126

BOOK & DIARY COVER
북 & 다이어리 커버

코바늘로 탄탄하게 짜서 만든 북 커버도
꼭 하나쯤 갖고 싶은 아이템.
커버 앞면에 잔잔하게 수를 놓아 귀여운 느낌을 강조하고,
가장자리에 다른 색 실로 테두리를 둘러주면
한결 더 고급스러운 감각을 즐길 수 있다.
how to make p.128

F FLAG STICK 플래그 스틱

승리와 축하의 의미를 담고 있는 작은 깃발들.
있어도 그만, 없어도 그만이라고 생각하기 쉽지만
특별한 바느질 없이도 만들 수 있는 데다
여러 개 갖춰 두면 의외로 요긴하게 활용할 수 있는 살림이다.
쓰고 남은 조각 천 중 예쁜 것만 골라 다양한 느낌으로 완성해 보자.
아이들 생일 파티나 기념일 등에 케이크 위에 꽂아 놓으면
한층 근사한 분위기를 연출해 준다.
how to make p.130

K **FLAG STICK 플래그 스틱**

가는 털실로 짧은뜨기를 하여 짠 베이스에
수를 놓아도 사랑스러운 느낌을 연출할 수 있고,
베이스를 줄무늬 패턴으로 짜보는 것도 귀엽다.
보기만 해도 행복해지는 아이템 중 하나로
연인끼리 혹은 결혼기념일 같은 날, 파티를 즐길 때 사용해도 OK!
how to make p.131

How to Make

사 진 속 의 감 각 소 품 들 을 하 나 씩 만 들 어 보 는 시 간

꽃무늬, 체크, 물방울무늬 천이나 내추럴한 분위기의 리넨 원단.

좋아하는 컬러나 무늬별로 조금씩 모아둔 나만의 조각 천들.

여기에 컬러풀한 털실이나 리넨, 자수 실…

천 조각과 뜨개실을 활용해 개성 만점의 소품들을 만들어보자.

바느질로 하나, 뜨개질로 하나 더!

나만의 감각을 세트로 구비해 완성하는 특별한 즐거움이

밋밋하던 일상에 행복한 기운을 불어넣어 줄 것이다.

이 책을 이용하는 방법

1 각 페이지에 표기된 Fabric은 천으로 만드는 작품, Knit는 뜨개실로 떠서 만드는 작품을 의미한다.

2 소품을 만들 때는 아이템에 따라 바느질, 대바늘뜨기, 코바늘뜨기, 자수의 방법을 택했다.
   코바늘뜨기, 대바늘뜨기, 자수의 기본 테크닉은 P.132~139의(BASIC TECHNIQUE) 편에 소개했다.

3 이 책에 기재된 사이즈 중 특별히 치수가 적혀 있지 않는 것은 모두 센티미터(㎝)를 의미한다.

4 작품에 표시한 치수는 기본적으로 세로×가로 치수를 말한다.

5 바느질 모형지에 기재한 「 」「 」표시는 2장 이상의 천을 바느질할 때 정확하게 꿰매기 위해
   사용하는 표시다.

6 이 책의 만들기 방법에 소개된 자수실과 뜨개실은 모두 외국산이다.

Fabric

키친클로스

재료

본체 | 적색 체크 천 : 리넨(가장자리에 스트라이프가 들어간 것) 34×34㎝
　　　　청색 체크 천 : 리넨(가장자리에 스트라이프가 들어간 것) 34×34㎝
자수 실 | 적색 체크 천 : (앵커 25번 사) 네이비(148), 레드(47), 라이트 그린(258) 약간씩
　　　　　청색 체크 천 : (앵커 25번 사) 레드(47), 핑크(57), 라이트 그린(258) 약간씩
바늘 | 프랑스 자수바늘 6번

page.14
완성 치수 | 31×31㎝

키친클로스 재단　※ 2종류 공통

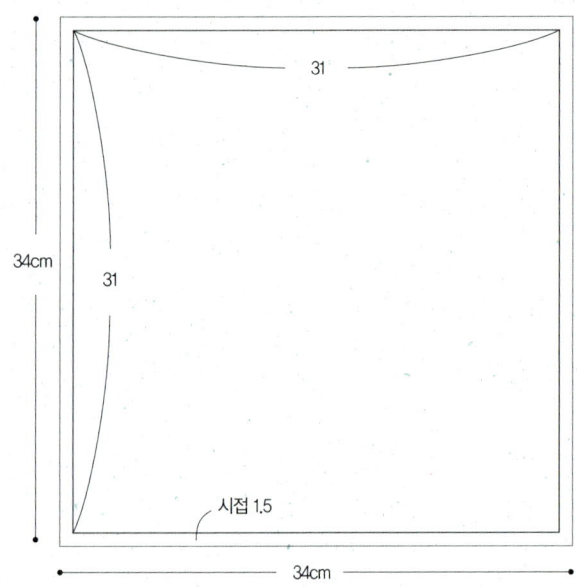

1 키친클로스 가장자리를 3겹으로 접어 바느질한다.

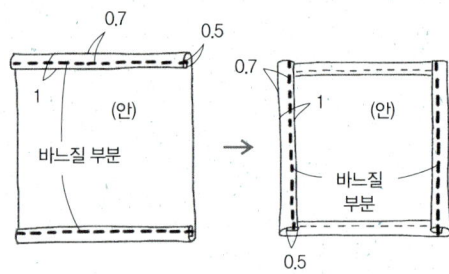

2 키친클로스 왼쪽 하단에 수를 놓는다.

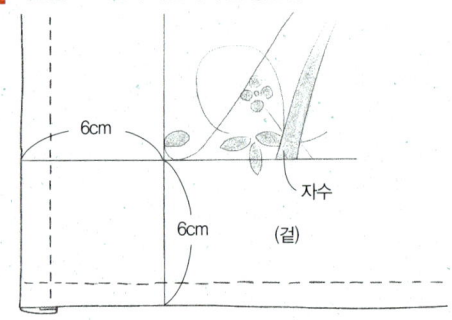

※ B 도안은 천의 왼쪽 하단에서부터 각 10㎝의 위치에 도안의
　 끝을 맞추고 수를 놓는다.

자수 도안　※모두 실 2겹으로

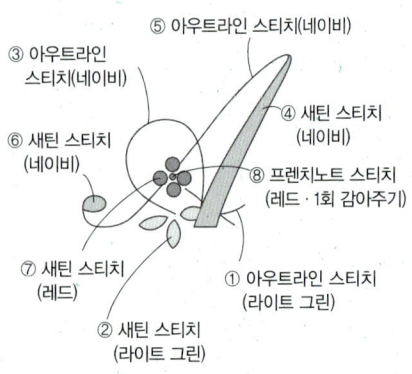

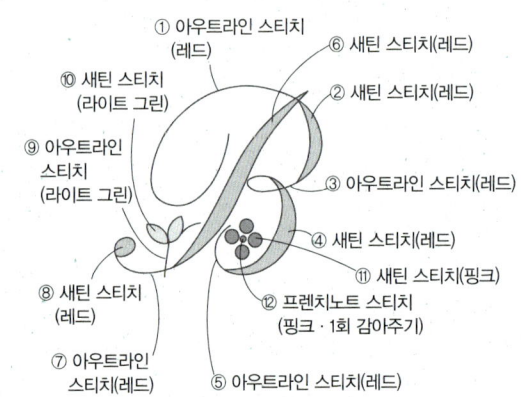

키친클로스

재료

실 | 레드 라인 : (하마나카 플랙스 k) 내추럴(13) 55g,
　　　레드(203) 약간
　　블루 라인 : (하마나카 플랙스 k) 내추럴(13) 55g,
　　　블루(18) 약간

자수 실 | 레드 라인 : (앵커 25번 사) 레드(47) 약간
　　　　블루 라인 : (앵커 25번 사) 네이비(148) 약간

기타 | 캔버스 천(34코, 10cm), 10×10cm 1장

바늘 | 대바늘 3호, 프랑스 자수바늘 7번

이렇게 만드세요

1　대바늘뜨기로 69개의 코를 만든 후 가터뜨기
　　(모든 단을 겉뜨기로 뜨는 것)로 144단을 뜬다.
　　단, 24 · 25단, 28 · 29단은 배색 실로 뜬다.
2　자수를 놓는 위치에 캔버스 천을 올려놓고
　　바느질로 고정시킨 뒤 크로스 스티치의 도안에
　　따라 수를 놓는다(레드 라인은 레드 실로,
　　블루 라인은 네이비 실로 수놓는다).
3　수를 다 놓으면 캔버스 천을 제거한다.

page.15

완성 치수 | 30×30cm
게이지 | 10×10cm 23코, 48단

키친클로스 ※ 레드 · 블루 라인 공통

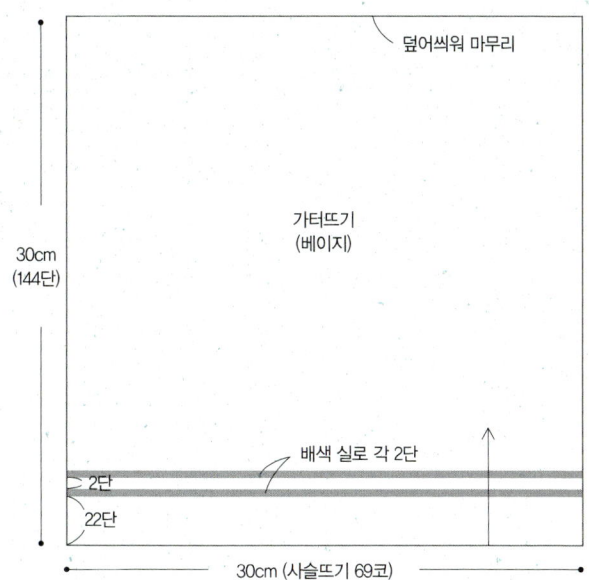

30cm
(144단)

덮어씌워 마무리

가터뜨기
(베이지)

배색 실로 각 2단

2단

22단

30cm (사슬뜨기 69코)

크로스 스티치 도안 A ※ 실 4겹으로

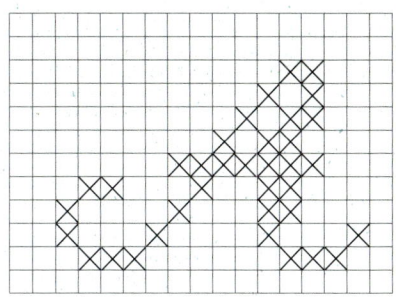

크로스 스티치 도안 B ※ 실 4겹으로

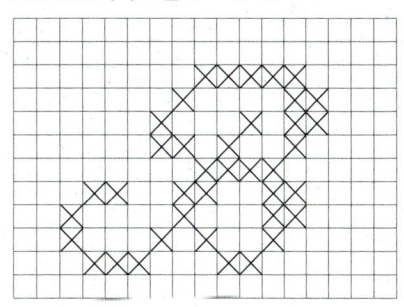

캔버스 천 사용법

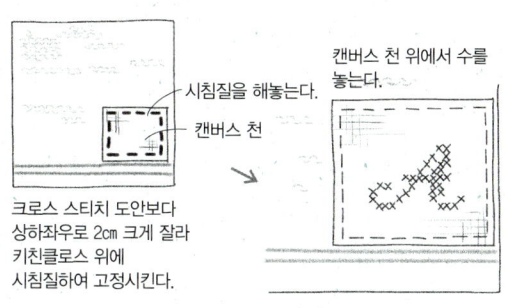

시침질을 해놓는다.

캔버스 천

크로스 스티치 도안보다
상하좌우로 2cm 크게 잘라
키친클로스 위에
시침질하여 고정시킨다.

캔버스 천 위에서 수를
놓는다.

시침질을 한 실을 제거하고
분무기로 물을 뿌린다.

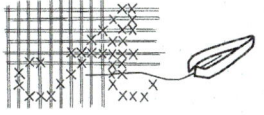

족집게로 캔버스 천의 실을
1가닥씩 잡아당겨 뺀다.

Fabric

주방 장갑

재료

겉감 | 리넨(스트라이프 무늬가 있는 것) 27×23cm 2장
안감 | 코튼 프린트(작은 꽃무늬) 27×23cm 2장
기타 | 두꺼운 장갑 심 27×23cm 2장, 자수 실 레드 · 블루 약간씩
  아플리케 천(좋아하는 무늬를 오려서 사용) 1장, 엄지 부분의 배색 천 리넨(레드×화이트 미니 체크)
  5×8.5cm, 가장자리 조각 천 6cm 폭으로 6~7장, 고리 3×14cm 1장
바늘 | 프랑스 자수바늘 3번

page.16
완성 치수 | 길이 25cm×폭 16cm

50% 축소본 ※시접 포함. 200% 확대하여 사용

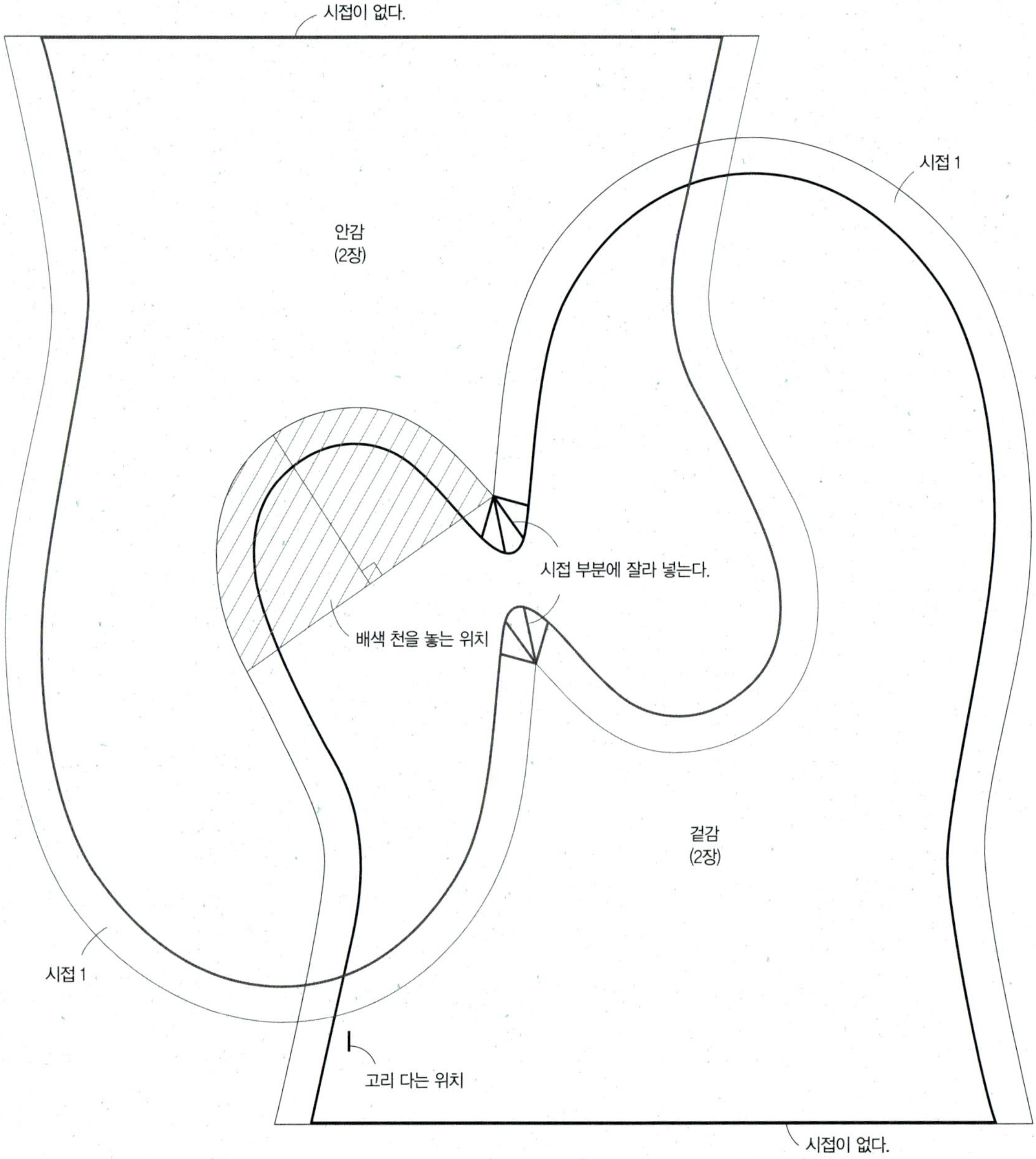

시접이 없다.

안감
(2장)

시접 1

시접 부분에 잘라 넣는다.

배색 천을 놓는 위치

겉감
(2장)

시접 1

고리 다는 위치

시접이 없다.

1 겉감은 재단하기 전, 안쪽으로 심을 넣어 세로 2.5cm 간격으로 스티치를 한다.

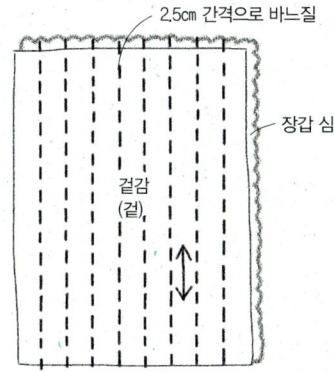

2.5cm 간격으로 바느질

장갑 심

겉감
(겉)

2 겉감, 안감은 재단 후, 겉감의 엄지 부분에 배색 천을 올려놓고 바느질하여 붙인다. 그다음 잘라놓은 아플리케 천을 적당한 위치에 붙인다.

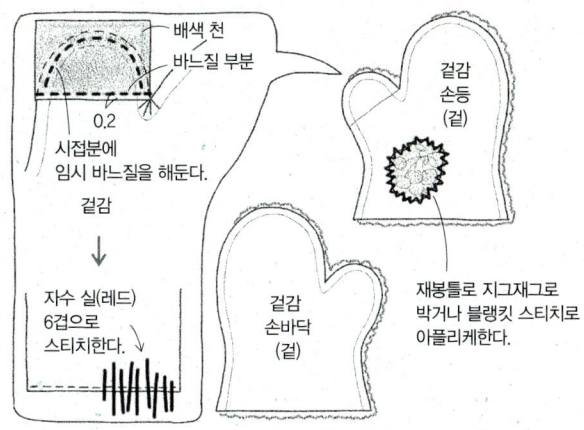

배색 천

바느질 부분

0.2

시접분에 임시 바느질을 해둔다.

겉감

↓

자수 실(레드) 6겹으로 스티치한다.

겉감 손등 (겉)

겉감 손바닥 (겉)

재봉틀로 지그재그로 박거나 블랭킷 스티치로 아플리케한다.

3 겉감과 안감을 각각 겉끼리 마주 보게 겹친 후 가장자리를 바느질한다.

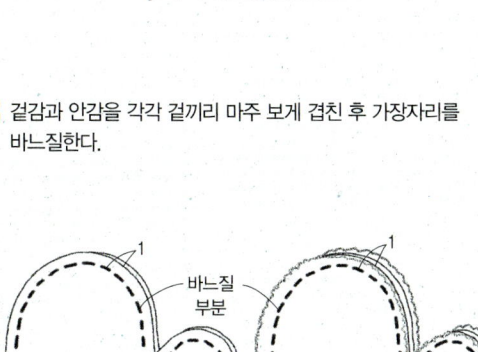

1

바느질 부분

안감
(안)

겉감
(안)

4 3의 겉감 손바닥 쪽에 안감 손바닥 쪽을 올려놓고 서로 박는다. 전체를 밖으로 뒤집은 후 장갑 입구는 임시로 바느질해 둔다.

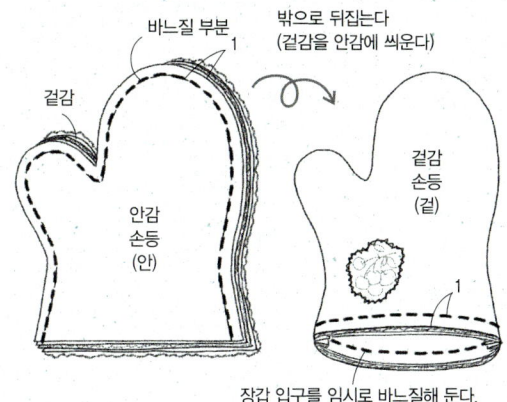

바느질 부분

1

겉감

밖으로 뒤집는다 (겉감을 안감에 씌운다)

안감 손등 (안)

겉감 손등 (겉)

1

장갑 입구를 임시로 바느질해 둔다.

5 가장자리 조각 천과 고리를 만든다. 고리는 붙이는 위치의 시접분에 임시로 바느질해 둔다.

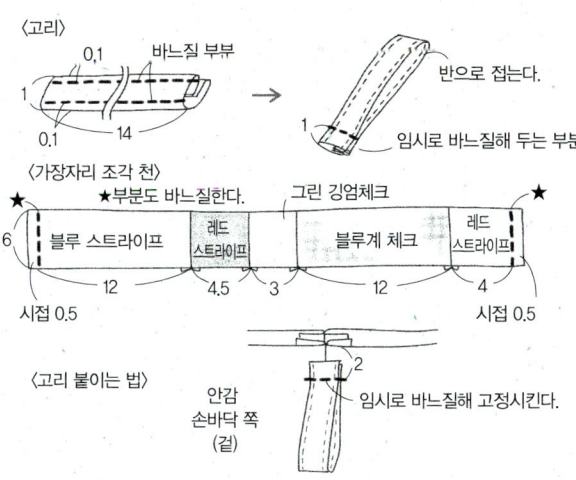

〈고리〉

0.1
바느질 부분
1
0.1
14

반으로 접는다.

1
임시로 바느질해 두는 부분

〈가장자리 조각 천〉

★부분도 바느질한다.

그린 깅엄체크

| 블루 스트라이프 | 레드 스트라이프 | 블루계 체크 | 레드 스트라이프 |

6
12 4.5 3 12 4

시접 0.5   시접 0.5

〈고리 붙이는 법〉

안감 손바닥 쪽 (겉)

2

임시로 바느질해 고정시킨다.

6 가장자리 천을 장갑의 입구에 두르고, 고리를 세워 가장자리 천에 바느질하여 붙인다.

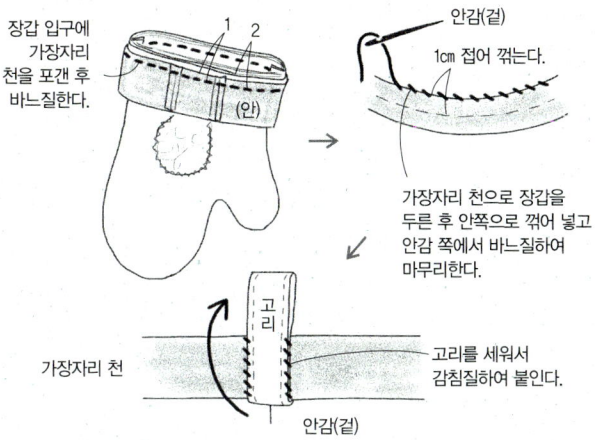

장갑 입구에 가장자리 천을 포갠 후 바느질한다.

1 2

(안)

안감(겉)

1cm 접어 꺾는다.

가장자리 천으로 장갑을 두른 후 안쪽으로 꺾어 넣고 안감 쪽에서 바느질하여 마무리한다.

가장자리 천

고리

안감(겉)

고리를 세워서 감침질하여 붙인다.

Knit

주방 장갑

page.17

재료

실 | 본체 · 앵두 열매 : (하마나카 코튼 노톡)
레드(14) 약 150g
장갑 가장자리 · 앵두 잎과 줄기 · 고리 :
(하마나카 코튼 노톡) 그린(6) 약 10g

바늘 | 코바늘 6호(본체, 가장자리, 고리)
코바늘 4호(앵두)

완성 치수 | 길이 25cm×폭 16cm
게이지 | 10×10cm 18코, 20단

이렇게 만드세요

1 본체는 레드 실 3겹으로(실 꾸러미를 3개 만들어 동시에 실을 빼서 사용하면 편리하다) 2장 뜬다.
2 본체는 겉끼리 마주보게 하여 2장 겹쳐 놓는다. 레드 실 1겹으로 가장자리를 빼뜨기하여 붙인 후 뒤집는다.
3 그린 실 3겹으로 장갑 가장자리를 뜬다.
4 그린 실 3겹으로 고리를 뜨고, 반으로 접어 본체에 붙인다.
5 앵두 열매(2개), 잎(2장), 줄기(2개)를 떠서 본체에 붙인다.

앵두 열매 ※실 1겹으로, 코바늘 4호로 2개 뜬다.

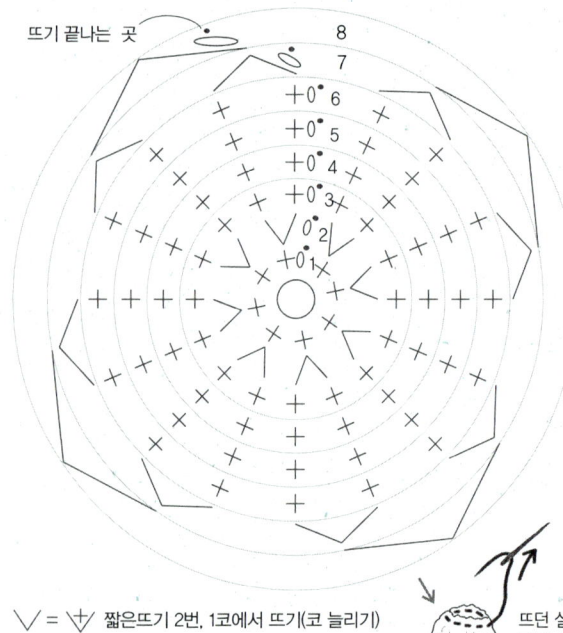

뜨기 끝나는 곳

∨ = 짧은뜨기 2번, 1코에서 뜨기(코 늘리기)
∧ = 짧은뜨기 2코, 한 번에 모아 뜨기(코 줄이기)

뜨던 실을 안으로 집어넣어 마무리하고, 돗바늘에 실을 꿰어 마지막 단의 각 코에 돌려준 뒤 조인다.

줄기 · 긴 것 ※실 1겹으로, 코바늘 4호로 1단 뜬다.

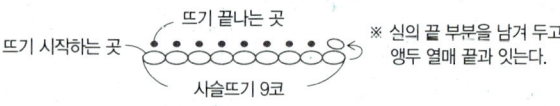

뜨기 끝나는 곳
뜨기 시작하는 곳
사슬뜨기 9코

※ 실의 끝 부분을 남겨 두고, 앵두 열매 끝과 잇는다.

고리 ※실 3겹으로, 코바늘 6호로 1단 뜬다.

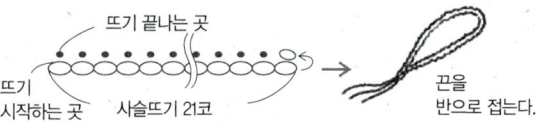

뜨기 끝나는 곳
뜨기 시작하는 곳
사슬뜨기 21코

끈을 반으로 접는다.

잎 · 작은 것 ※실 1겹으로, 코바늘 4호로 1장 뜬다.

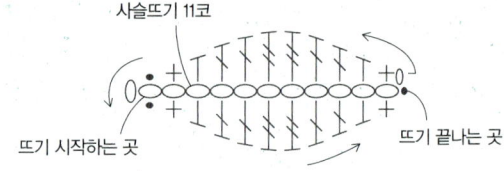

사슬뜨기 11코
뜨기 시작하는 곳
뜨기 끝나는 곳

잎 · 큰 것 ※실 1겹으로, 코바늘 4호로 1장 뜬다.

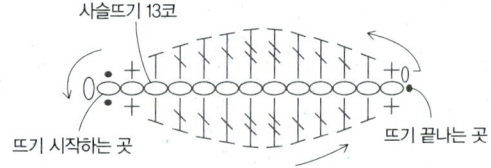

사슬뜨기 13코
뜨기 시작하는 곳
뜨기 끝나는 곳

줄기 · 짧은 것 ※실 1겹으로, 코바늘 4호로 1단 뜬다.

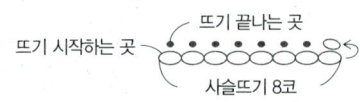

뜨기 끝나는 곳
뜨기 시작하는 곳
사슬뜨기 8코

앵두 열매 붙이는 법

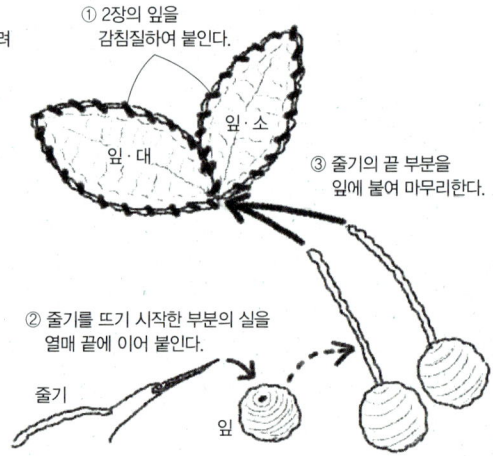

① 2장의 잎을 감침질하여 붙인다.
잎 · 소
잎 · 대
③ 줄기의 끝 부분을 잎에 붙여 마무리한다.
② 줄기를 뜨기 시작한 부분의 실을 열매 끝에 이어 붙인다.
줄기
잎

주방 장갑 ※ 2장 뜬다.

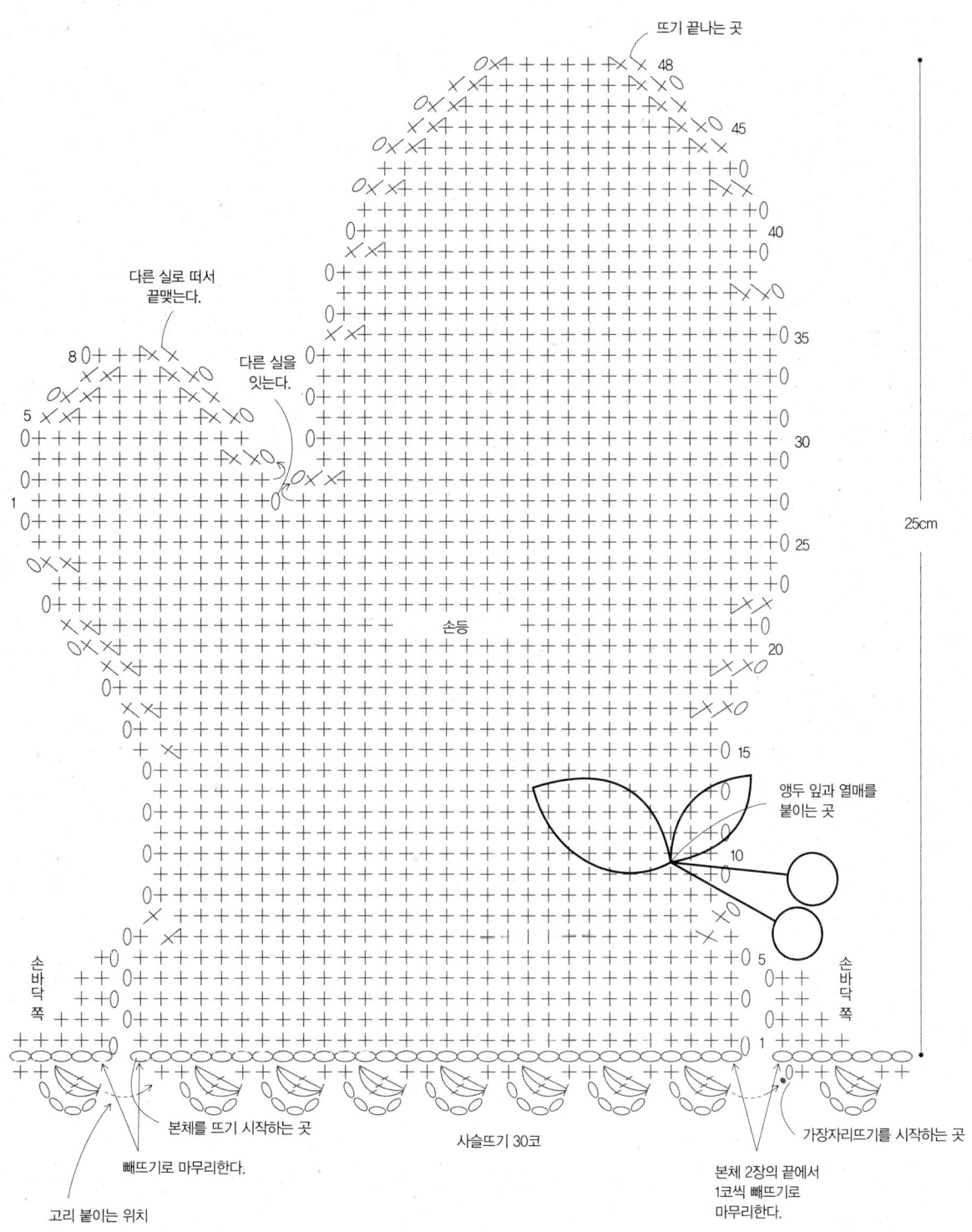

뜨기 끝나는 곳

48
45
40
35
30
25
20
15
10
5
1

8
5
1

다른 실로 떠서
끝맺는다.

다른 실을
잇는다.

손등

25cm

앵두 잎과 열매를
붙이는 곳

손바닥
쪽

손바닥
쪽

본체를 뜨기 시작하는 곳

사슬뜨기 30코

가장자리뜨기를 시작하는 곳

빼뜨기로 마무리한다.

고리 붙이는 위치

본체 2장의 끝에서
1코씩 빼뜨기로
마무리한다.

Fabric

프린지 포트 매트

재료

베이스 | 평직의 무명(무지) 폭 1cm×길이 15m
프린지 | 코튼 프린트 폭 2cm×길이 13~15cm, 모두 224벌 ※ 조각 천도 OK.
고리 | 코튼 프린트 폭 2cm×길이 18cm, 모두 3벌 ※ 서로 무늬가 다른 3종류 천으로 만든다.
바늘 | 코바늘 8호

page.18
완성 치수 | 지름 19cm

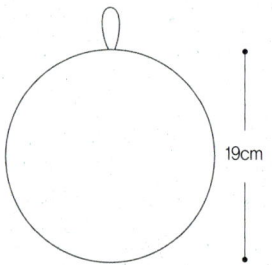

19cm

1 베이스용 천은 끝을 서로 맞댄 후 바느질하여 1줄의 테이프로 만든다.

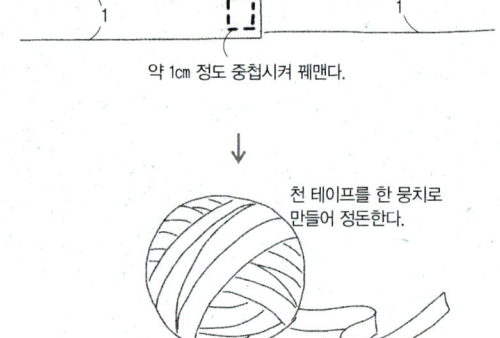

1

1

약 1cm 정도 중첩시켜 꿰맨다.

천 테이프를 한 뭉치로 만들어 정돈한다.

2 1의 천 테이프를 코바늘로 뜬다. 오른쪽 페이지의 니트 포트 매트 베이스와 같은 방법으로 4단까지 뜬다.

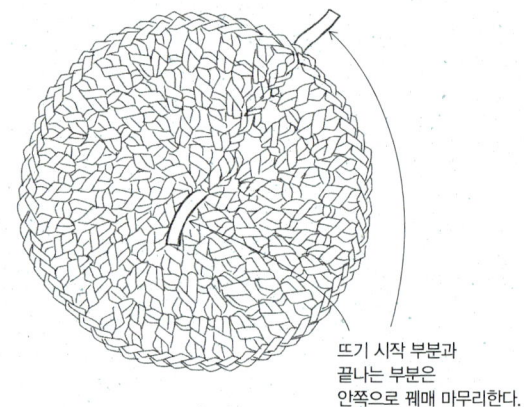

뜨기 시작 부분과 끝나는 부분은 안쪽으로 꿰매 마무리한다.

3 고리용 천은 3가닥으로 땋아 반으로 접어 끝을 마무리한 후 베이스 천 안쪽에 꿰매 붙인다.

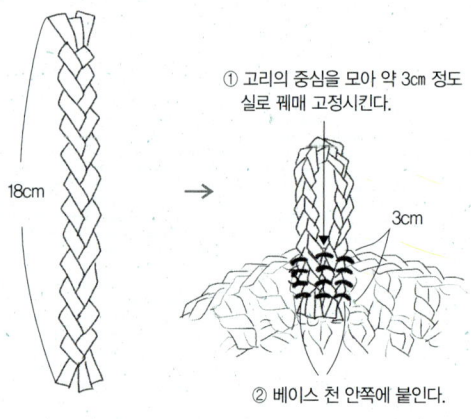

18cm

① 고리의 중심을 모아 약 3cm 정도 실로 꿰매 고정시킨다.

3cm

② 베이스 천 안쪽에 붙인다.

4 2의 베이스는 한길긴뜨기 1코마다 2겹씩 프린지 천을 연결한다(연결 방법은 오른쪽 페이지와 동일). 제일 바깥쪽의 사슬뜨기 부분에도 프린지를 2겹씩 연결한다.

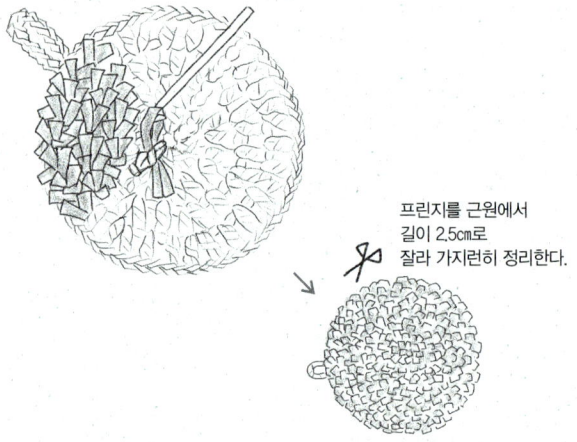

프린지를 근원에서 길이 2.5cm로 잘라 가지런히 정리한다.

프린지 포트 매트

재료

실 | 베이스 ; (하마나카 핏피) 핑크(5) 약 10g
프린지ⓐ · 4겹 사용 : (하마나카 핏피) 핑크(5),
레드(6), 오렌지(7), 옐로(8), 베이지(2),
그레이(13), 그린(9), 터키 옥색(터쿼이즈,10),
네이비(11), 브라운(3) 색깔별로 각 5~10g씩
프린지ⓑ · 3겹 사용 : (하마나카 보니) 핑크(474),
라벤더(496), 보라(473), 블루(487),
에메랄드그린(424), 그린(427), 카키(493),
머스터드(491) 색깔별로 각 5~10g씩

바늘 | 코바늘 6호

이렇게 만드세요

1 베이스 원은 베이스용 실을 활용해 코바늘로 뜬다.
베이스 뜨기가 끝나는 곳에서 고리까지 계속 뜬다.

2 프린지용의 실을 약 13㎝로 자른다. 4겹으로
사용할 ⓐ 실은 40~80벌 정도, 3겹으로 사용할
실은 30~60벌 정도를 자신이 원하는 볼륨에 맞춰
준비한다.

3 베이스 원의 한길긴뜨기에 프린지를 연결하는데,
배색과 볼륨은 기호에 맞춰 결정한다. 마지막으로
프린지를 근원에서 3㎝ 길이로 잘라 가지런히
정리한다.

page.19
완성 치수 | 지름 19㎝
게이지 | 베이스 지름 15㎝

포트 매트 베이스

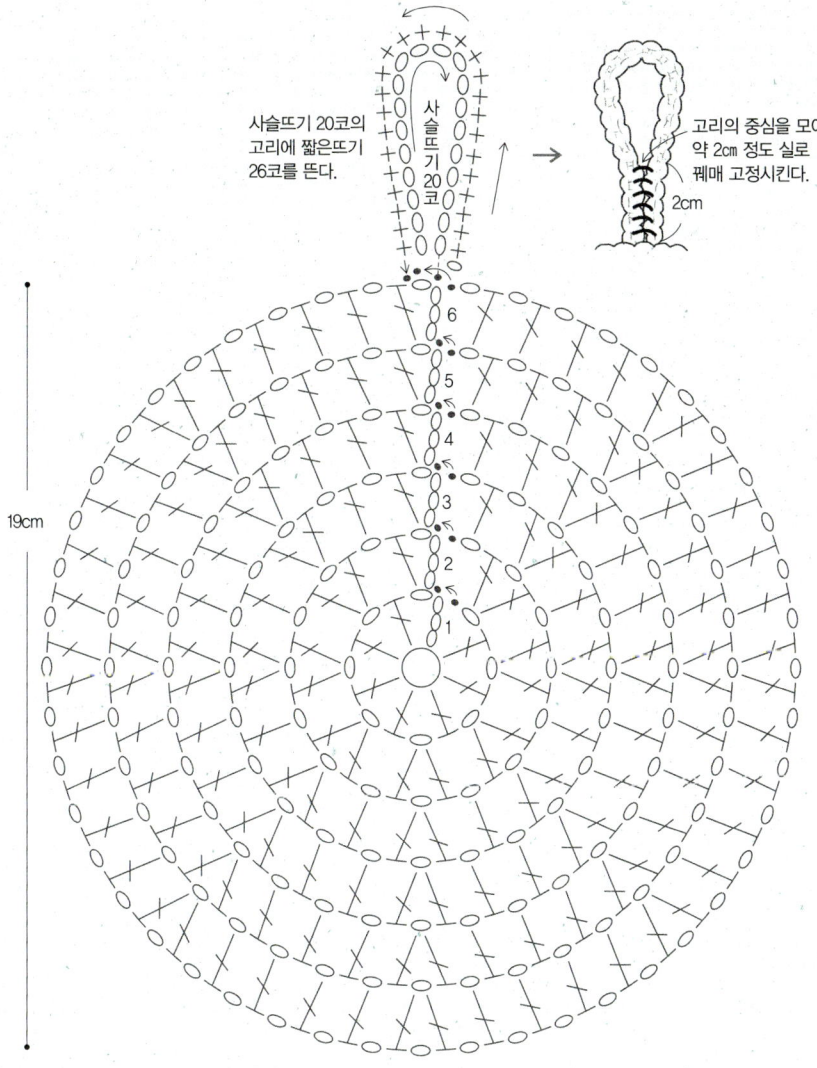

사슬뜨기 20코의
고리에 짧은뜨기
26코를 뜬다.

사슬뜨기 20코

고리의 중심을 모아
약 2cm 정도 실로
꿰매 고정시킨다.

2cm

19cm

프린지를 베이스에 연결하는 법

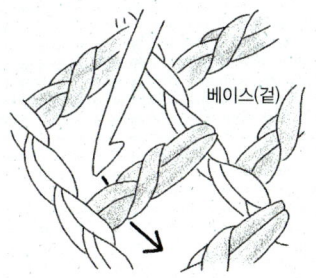

베이스(겉)

베이스의 한길긴뜨기 옆에서부터
코바늘을 넣는다.

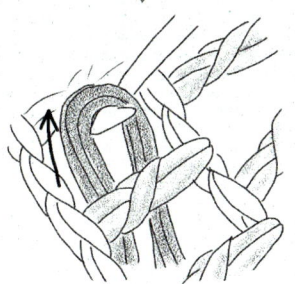

반으로 접은 프린지용 실을 뺀다.

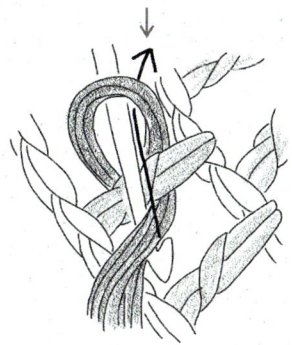

실 끝을 완전히 빼낸 다음 실을 당겨
탄탄하게 조인다.

Fabric

스톡 백

재 료

백 본체 | 코튼 프린트(꽃무늬) 36×70cm
백 입구 안감 | 깅엄체크(그린) 7.5×52cm
리본 | 깅엄체크(그린) 3×37cm
고리 | 깅엄체크(그린) 3×19cm
기타 | 고무줄 폭 9mm, 길이 21cm

page.20
완성 치수 | 바닥 지름 16cm× 높이 32cm

재단하는 법

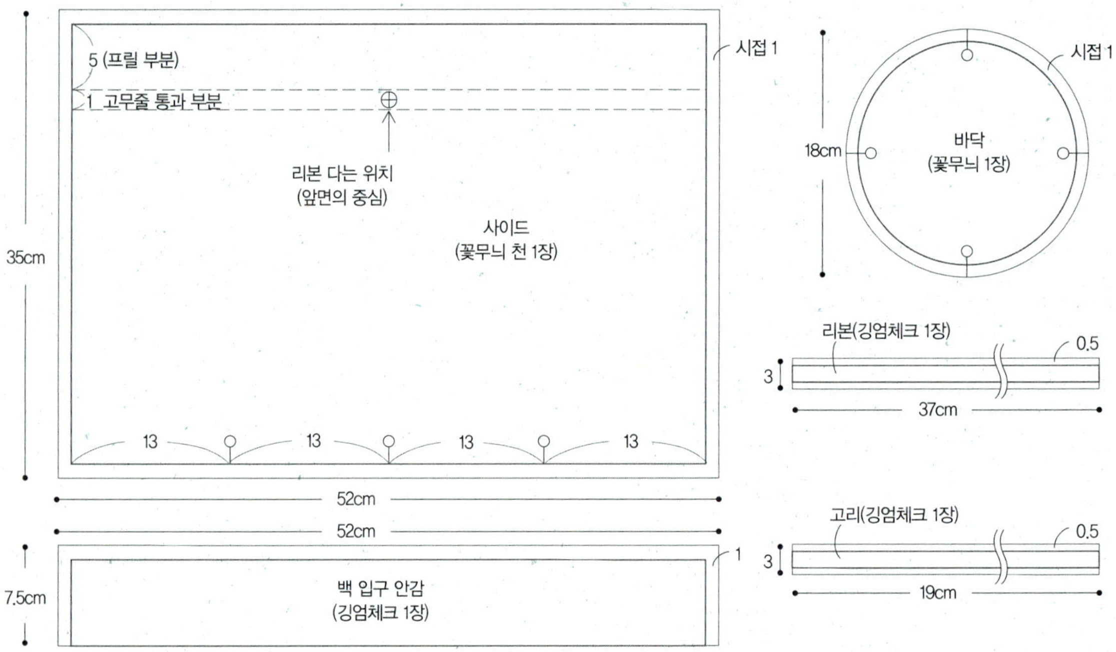

```
5 (프릴 부분)
1 고무줄 통과 부분                    시접 1

리본 다는 위치
(앞면의 중심)

              사이드
            (꽃무늬 천 1장)
35cm


   13      13      13      13

        52cm
```

```
          시접 1                시접 1

18cm         바닥
          (꽃무늬 1장)
```

```
리본(깅엄체크 1장)              0.5
3
        37cm
```

```
        52cm                    1
7.5cm   백 입구 안감
       (깅엄체크 1장)
```

```
고리(깅엄체크 1장)              0.5
3
        19cm
```

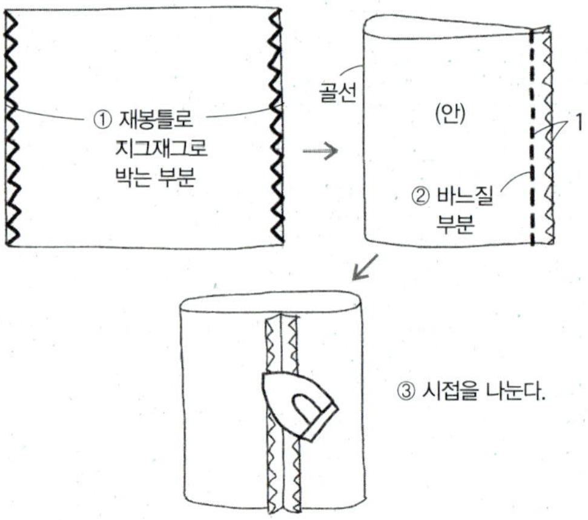

1 사이드의 좌우 옆 시접 부분은 재봉틀로 지그재그로 박는다.
겉끼리 마주보게 접어 옆을 바느질한다.

① 재봉틀로
지그재그로
박는 부분

골선

(안)   1

② 바느질
부분

③ 시접을 나눈다.

2 백 입구의 안감은 좌우 옆과 아래쪽을 재봉틀로 지그재그로 박는다. 그다음 겉끼리 마주보게 접어 옆 부분을 바느질한다.

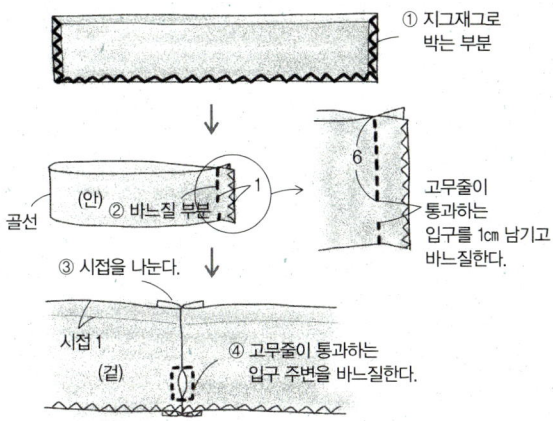

① 지그재그로 박는 부분

골선

(안) ② 바느질 부분

③ 시접을 나눈다.

시접 1
(겉)

6

1

고무줄이 통과하는 입구를 1cm 남기고 바느질한다.

④ 고무줄이 통과하는 입구 주변을 바느질한다.

3 사이드와 백 입구의 안감은 겉끼리 마주보게 포갠 뒤 백 입구는 바느질한다. 안감은 안으로 접어 넣고 바느질한다.

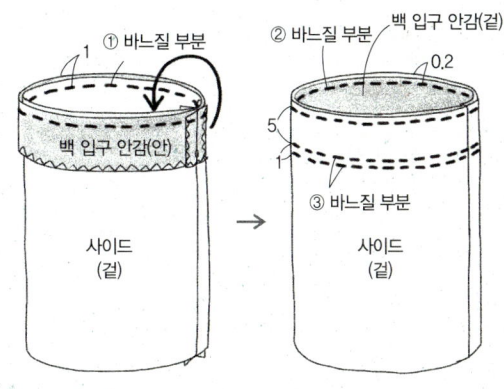

① 바느질 부분

② 바느질 부분

백 입구 안감(겉)

백 입구 안감(안)

사이드
(겉)

0.2

5

1

③ 바느질 부분

사이드
(겉)

4 리본을 만들어 묶은 다음 원하는 위치에 단다.

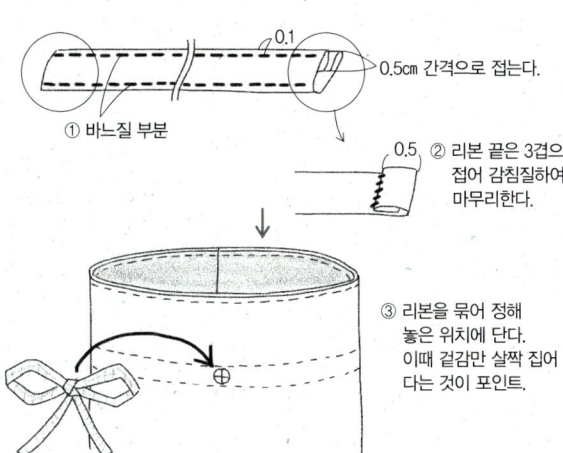

0.1

0.5cm 간격으로 접는다.

① 바느질 부분

0.5

② 리본 끝은 3겹으로 접어 감침질하여 마무리한다.

③ 리본을 묶어 정해 놓은 위치에 단다. 이때 겉감만 살짝 집어 다는 것이 포인트.

5 고리를 만들어 백 뒤의 중심에 붙인다.

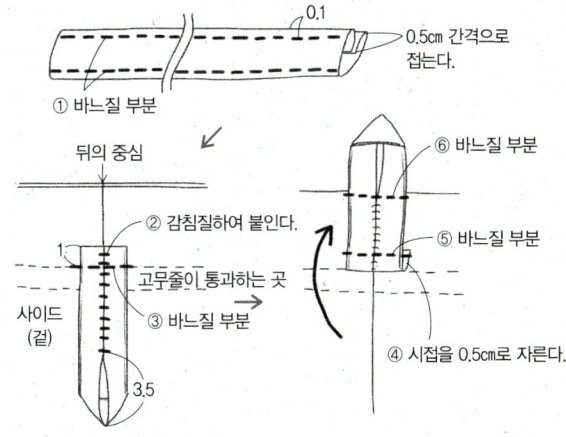

0.1

0.5cm 간격으로 접는다.

① 바느질 부분

뒤의 중심

② 감침질하여 붙인다.

고무줄이 통과하는 곳

③ 바느질 부분

사이드
(겉)

1

3.5

⑥ 바느질 부분

⑤ 바느질 부분

④ 시접을 0.5cm로 자른다.

6 사이드와 바닥의 천은 겉끼리 마주보게 겹쳐 시침핀으로 고정시킨 후 바느질한다. 시접 부분은 재봉틀로 지그재그로 박아 마무리한다.

7 전체를 밖으로 뒤집고, 고무줄을 통과시켜 마무리한다.

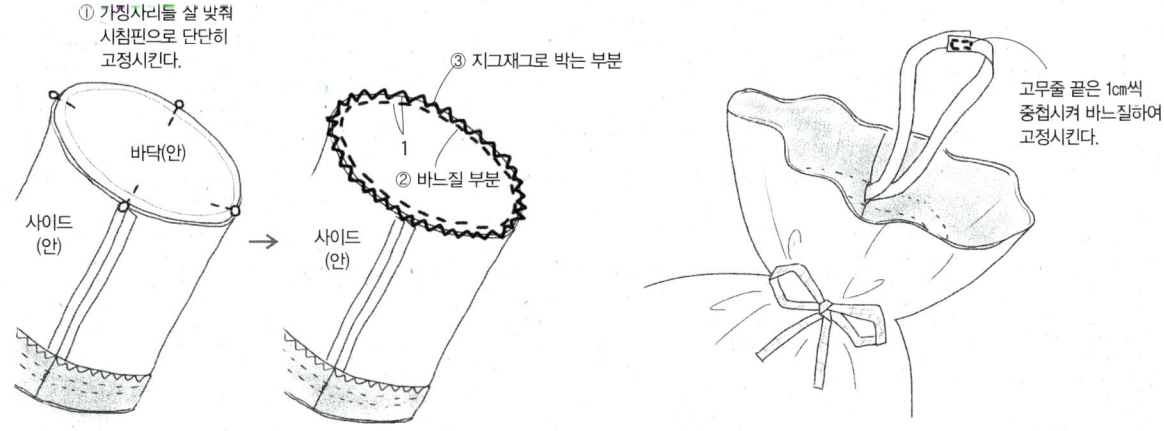

① 가장자리를 살 맞춰 시침핀으로 단단히 고정시킨다.

바닥(안)

사이드
(안)

③ 지그재그로 박는 부분

1

② 바느질 부분

사이드
(안)

고무줄 끝은 1cm씩 중첩시켜 바느질하여 고정시킨다.

Knit

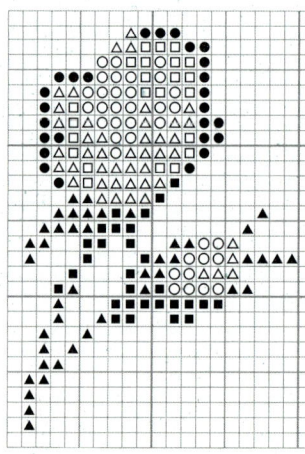

page.21
완성 치수 | 바닥 지름 16cm×높이 30cm
게이지 | 바닥 지름 16cm

스톡 백

재료

실 | (리치모아 퍼센트) 터키 옥색(108) 120g,
　　레드(73) 약 10g
자수 실 | (앵커 타피세리) 화이트(8006),
　　피치(8434), 핑크(8454), 레드(8216),
　　라이트 그린(9116), 그린(8990) 약간씩
기타 | 캔버스 천(44코, 10cm) 31×23cm,
　　65×41cm 각 1장
바늘 | 코바늘 5호, 울 자수바늘

이렇게 만드세요

1. 스톡 백의 몸체를 뜬다(바닥에서부터 뜨기 시작하여 계속해서 사이드와 가장자리를 뜬다).
2. 수를 놓고 싶은 위치에 캔버스 천을 붙이고 크로스 스티치를 한다(편물 안쪽에 거즈 등 얇은 천을 대고 수를 놓으면 마무리가 훨씬 깨끗해진다).
3. 고리를 떠서 백 입구의 뒤쪽 중심에 붙인다.
4. 레드 실로 방울(지름 2.5cm 60회 감기)을 2개 만든다.
5. 레드 실로 리본을 뜨고, 한쪽 끝에 방울을 단다. 반대쪽 끝은 리본을 몸체에 통과시킨 후 방울을 단다. 마지막으로 리본을 묶어 조인다.

리본

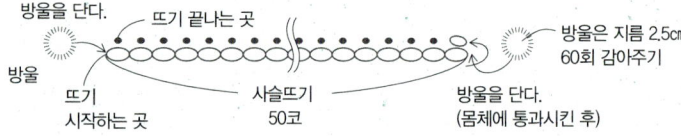

고리

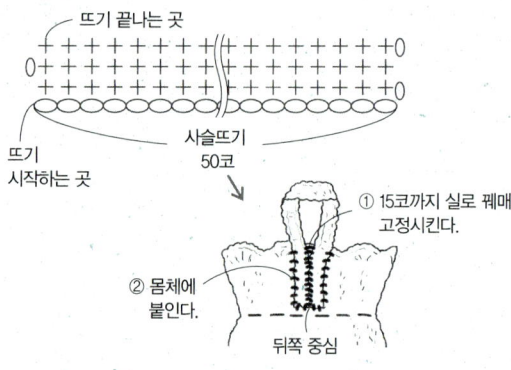

크로스 스티치 도안 ※ 캔버스 천 사용법은 p.69 참조

- ● : 화이트
- ○ : 피치
- △ : 핑크
- □ : 레드
- ▲ : 라이트 그린
- ■ : 그린

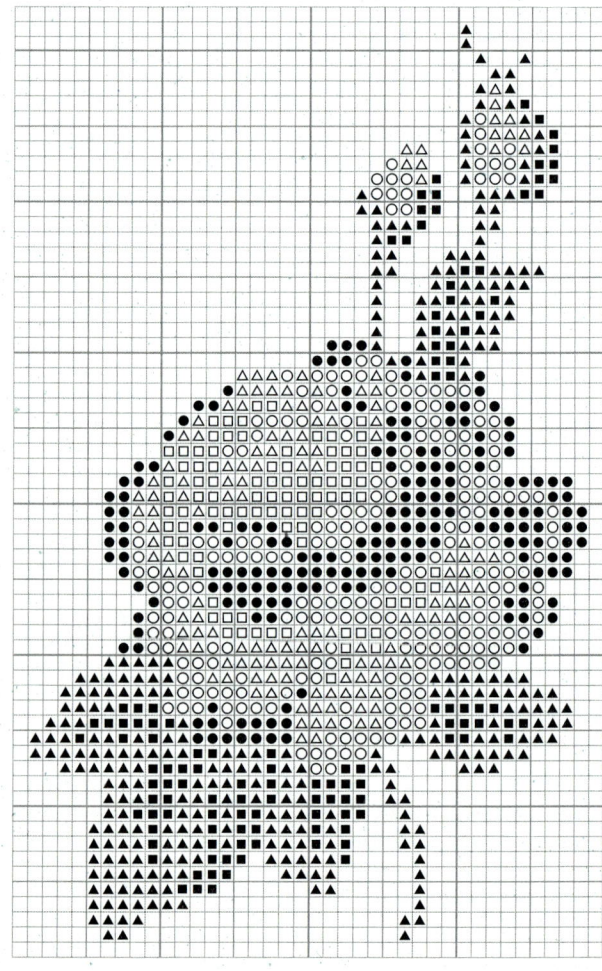

스톡 백 본체 ※ 바닥에서부터 뜨기 시작하여 계속해서 사이드와 가장자리를 뜬다.

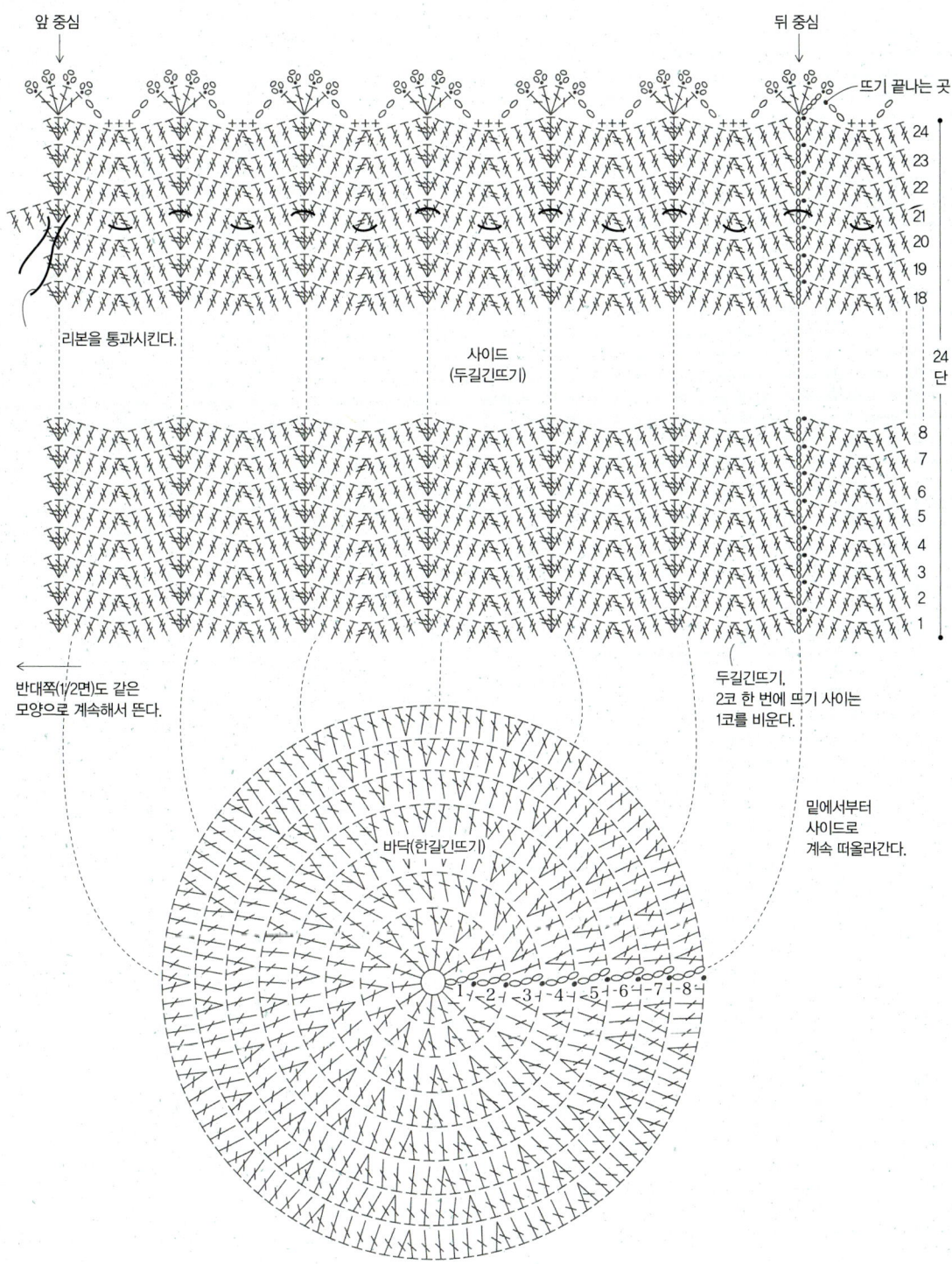

앞 중심

뒤 중심

뜨기 끝나는 곳

리본을 통과시킨다.

사이드
(두길긴뜨기)

반대쪽(1/2면)도 같은
모양으로 계속해서 뜬다.

두길긴뜨기.
2코 한 번에 뜨기 사이는
1코를 비운다.

밑에서부터
사이드로
계속 떠올라간다.

바닥(한길긴뜨기)

24
23
22
21
20
19
18

24
단

8
7
6
5
4
3
2
1

Fabric

플라워 쿠션

재료

본체 | 펠트(블루) 32×32cm, 32×30cm, 32×14.5cm 각 1장
프릴 | 깅엄체크(그린) 250×6cm(6cm 폭으로 커트한 천을 이어줘도 OK!)
아플리케 | 좋아하는 꽃무늬 천 자른 것 1장
기타 | 단추 지름 18mm 3개, 쿠션 솜 30×30cm 1개

※ p.22의 그린 쿠션은 같은 방법으로 만든 후 가장자리에 방울을 달아 완성했다.

page.22
완성 치수 | 34×34cm(프릴 포함)

재단하는 법

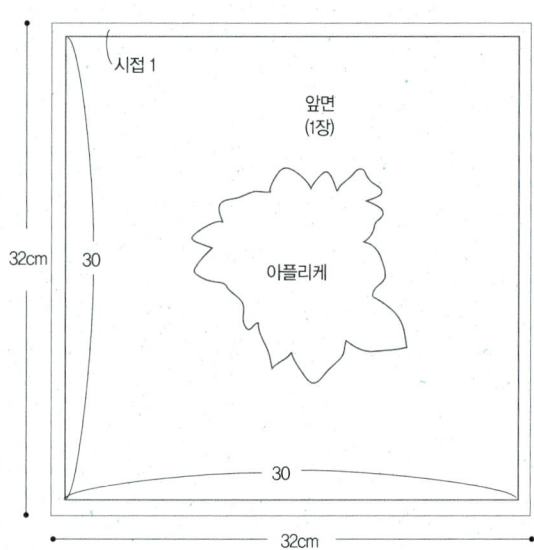

1 앞면의 중앙에 아플리케를 붙인다.

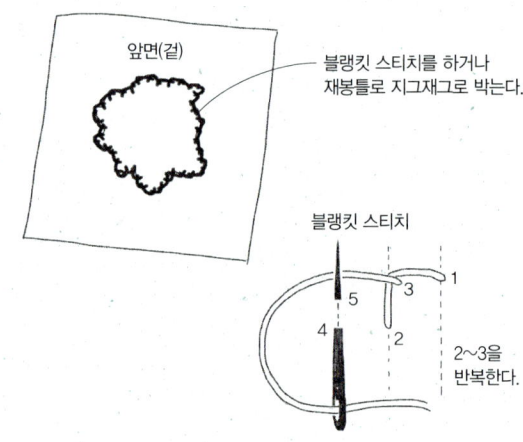

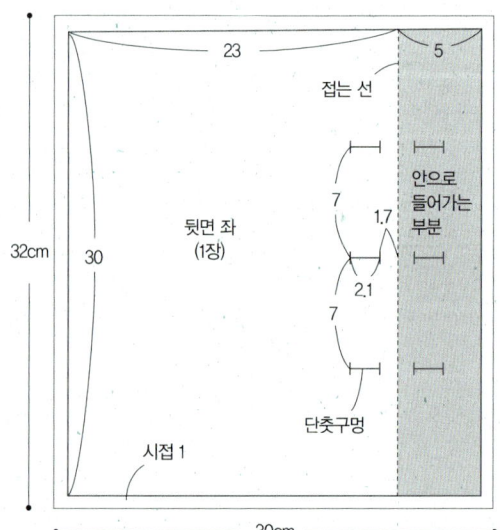

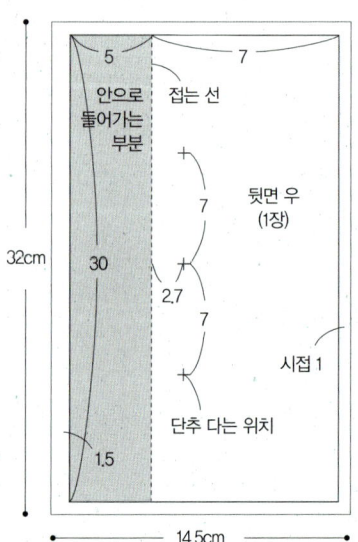

80

2 뒷면에 단춧구멍을 만든다.

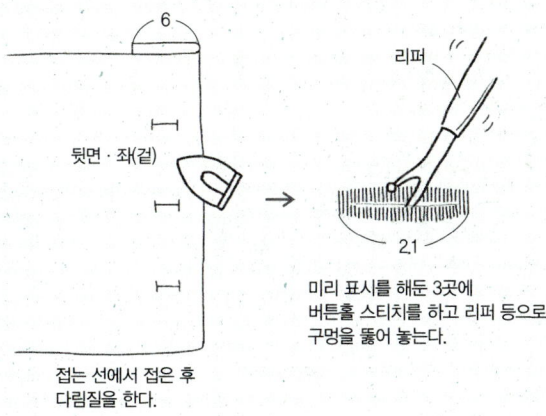

접는 선에서 접은 후
다림질을 한다.

미리 표시를 해둔 3곳에
버튼홀 스티치를 하고 리퍼 등으로
구멍을 뚫어 놓는다.

3 프릴을 만든다

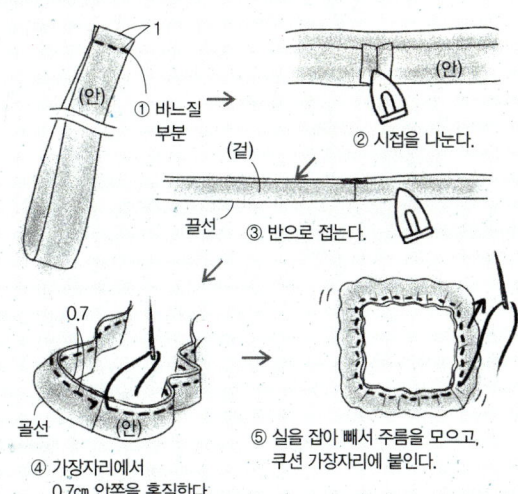

① 바느질 부분
② 시접을 나눈다.
③ 반으로 접는다.
④ 가장자리에서
0.7cm 안쪽을 홈질한다.
⑤ 실을 잡아 빼서 주름을 모으고,
쿠션 가장자리에 붙인다.

4 프릴을 앞면의 4변에 올려놓고 임시로 바느질을 해서 누른다.

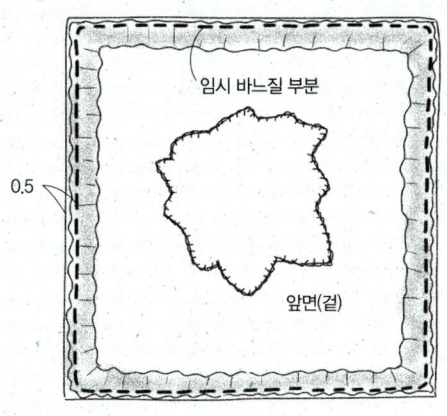

5 뒷면 2장과 **4**를 겉끼리 맞닿게 합쳐 가장자리를 바느질한다.
시접의 끝 부분을 재봉틀로 지그재그로 박아 마무리한다.

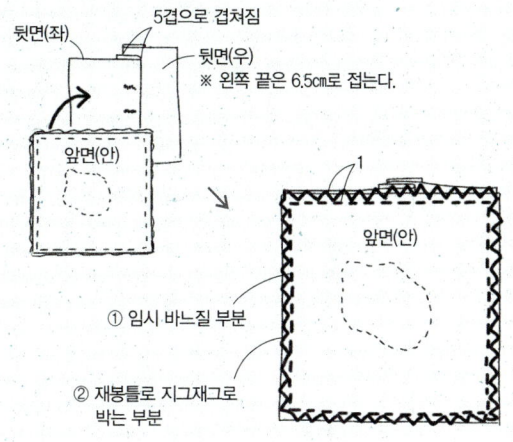

① 임시 바느질 부분
② 재봉틀로 지그재그로
박는 부분

6 모서리 부분의 시접을 커트한 뒤, 커트된 라인은 서로 이어 붙인다.

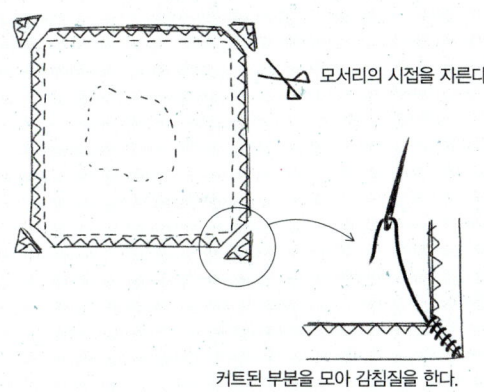

모서리의 시접을 자른다.

커트된 부분을 모아 감침질을 한다.
(각이 예쁘게 살아난다).

7 전체를 겉으로 뒤집어서 쿠션 솜을 넣고 단추를 단다.

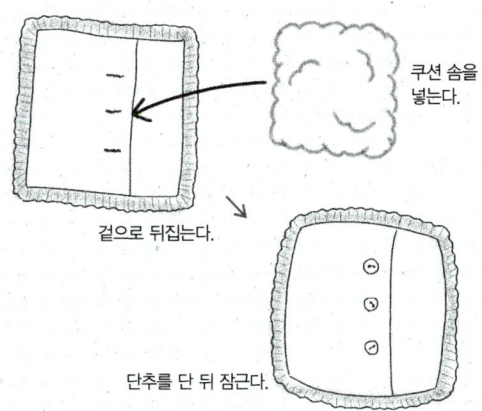

쿠션 솜을
넣는다.

겉으로 뒤집는다.

단추를 단 뒤 잠근다.

Knit

플라워 쿠션

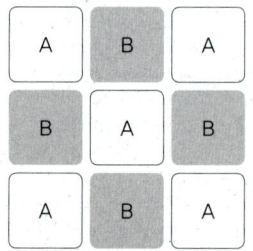

page.23
실완성 치수 | 30×30㎝
게이지(뒷면) | 10×10㎝ 11.5단, 22코

재 료

실 | (유더와야만셀 메리노 레인보) 레드(10)
120g, 화이트(143) 80g, 핑크(124) 30g,
그린(59) 20g, 옐로(46) 10g
기타 | 쿠션 솜 35×35㎝ 1개
바늘 | 코바늘 5호

이렇게 만드세요

1 모티브 A는 5장, 모티브 B는 4장을 뜬 다음, 빼뜨기로 이어 간다.
2 뒤쪽 면을 뜬다.
3 모티브 B의 7단째까지(꽃 부분)를 1장 뜨고, 중심을 뒷면 중심에 붙인다.
4 앞면과 뒷면은 안끼리 마주 보게 겹친 후 흰색 실로 가장자리를 짧은뜨기를 하여 붙인다. 3변까지 짧은뜨기를 한 후 솜을 집어넣고, 마지막 남은 1변을 마무리한다.
5 계속해서 가장자리뜨기를 1단 떠서 완성한다.

앞면 모티브 배치도

A	B	A
B	A	B
A	B	A

모티브 ※ A·B 공통

▷ 실을 자른다.　▶ 실을 잇는다.　뒤쪽에서부터 1단 아래 단에 한길긴뜨기를 한다.

모티브 A 배색표

단	사용 색
11	화이트(143)
10	레드(10)
8~9	화이트(143)
7	그린(59)
3~6	레드(10)
1~2	옐로(46)

모티브 B 배색표

단	사용 색
11	화이트(143)
10	핑크(124)
8~9	화이트(143)
7	그린(59)
3~6	핑크(124)
1~2	옐로(46)

뒷면·가장자리뜨기 배색표

부분	사용 색
뒷면	레드(10)
가장자리 뜨기	화이트(143)

뒷면

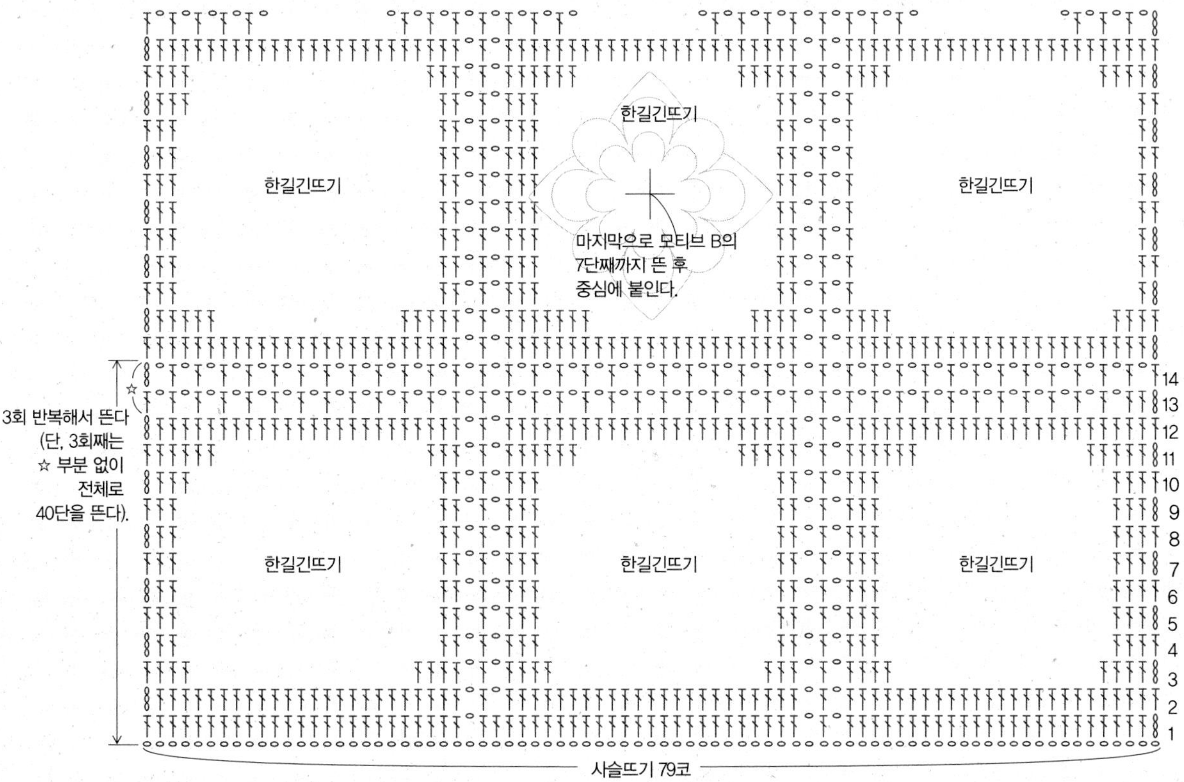

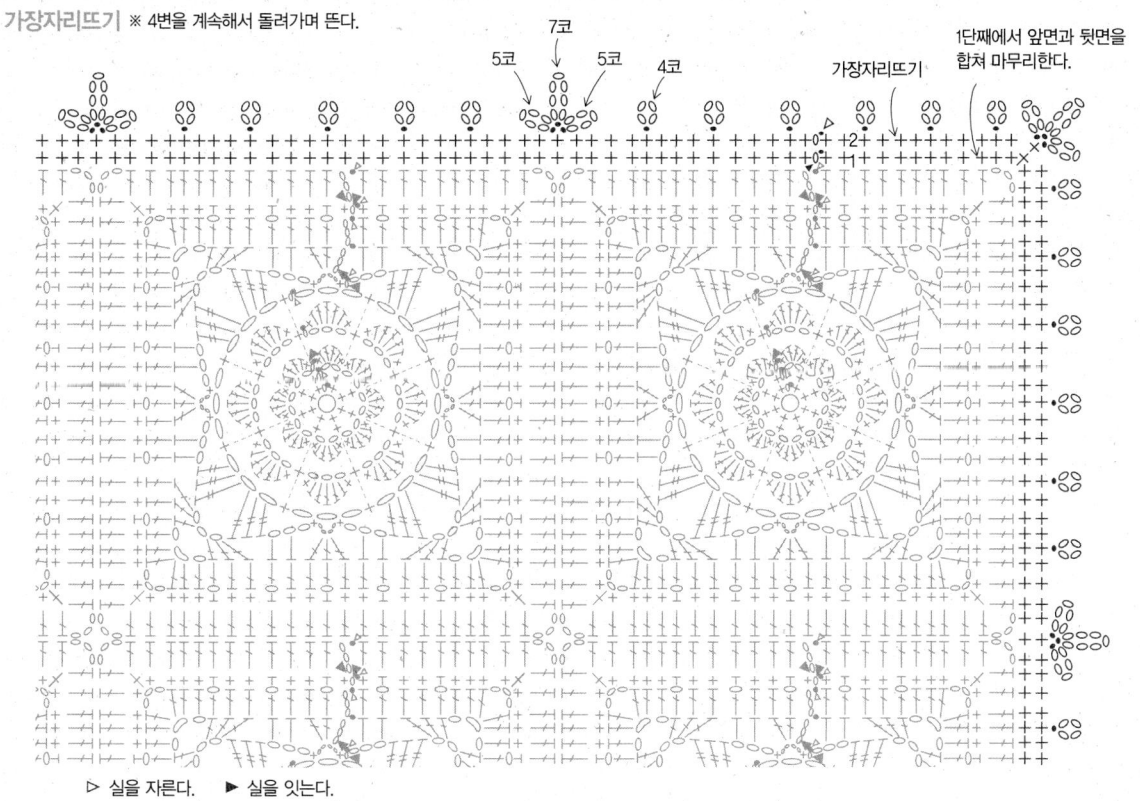

한길긴뜨기

한길긴뜨기

한길긴뜨기

한길긴뜨기

한길긴뜨기

한길긴뜨기

한길긴뜨기

한길긴뜨기

마지막으로 모티브 B의
7단째까지 뜬 후
중심에 붙인다.

3회 반복해서 뜬다
(단, 3회째는
☆ 부분 없이
전체로
40단을 뜬다).

사슬뜨기 79코

14
13
12
11
10
9
8
7
6
5
4
3
2
1

가장자리뜨기 ※ 4변을 계속해서 돌려가며 뜬다.

7코
5코
5코
4코
가장자리뜨기
1단째에서 앞면과 뒷면을
합쳐 마무리한다.

▷ 실을 자른다.　　▶ 실을 잇는다.

Fabric

램프 장식

page.24
완성 치수 | 길이 74cm

재 료

베이스 | 레이스 폭 1cm×길이 90cm, 폭 1cm×길이 45cm 각 1개
꽃 | 코튼 거즈(라벤더) 6×15cm 정도
리본 | 코튼 거즈(화이트), 좋아하는 천(오프화이트) 폭 1.5cm×길이 12cm 각 1개
　　　　레이스(오프화이트) 폭 0.8mm×길이 12cm, 폭 1.5cm×길이 12cm 각 1개
기타 | 레이스 모티브(꽃 모양이나 둥근 모양 등 기호에 따라 결정) 7개

1 베이스용 레이스의 긴 쪽 중앙에 짧은 레이스를
바느질하여 붙인다. 그다음 거즈 리본과
레이스 모티브를 붙인다.

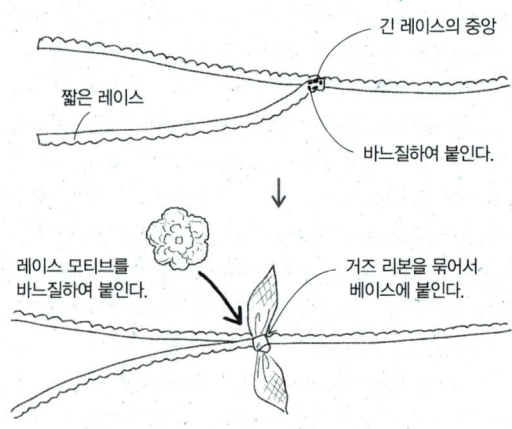

긴 레이스의 중앙
짧은 레이스
바느질하여 붙인다.

레이스 모티브를
바느질하여 붙인다.

거즈 리본을 묶어서
베이스에 붙인다.

2 라벤더 거즈로 꽃을 2개 만들고, 베이스에 붙인다.

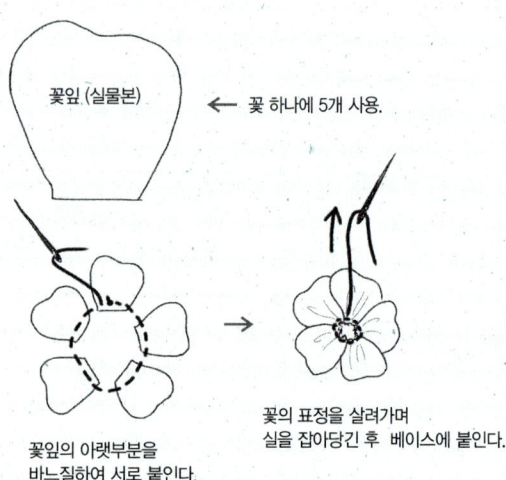

꽃잎 (실물본)
← 꽃 하나에 5개 사용.

꽃잎의 아랫부분을
바느질하여 서로 붙인다.

꽃의 표정을 살려가며
실을 잡아당긴 후 베이스에 붙인다.

3 남아 있는 리본과 꽃, 레이스 모티브도 베이스에 붙인다(붙이는
위치는 밸런스 좋게 취향에 따라 선택해도 OK).

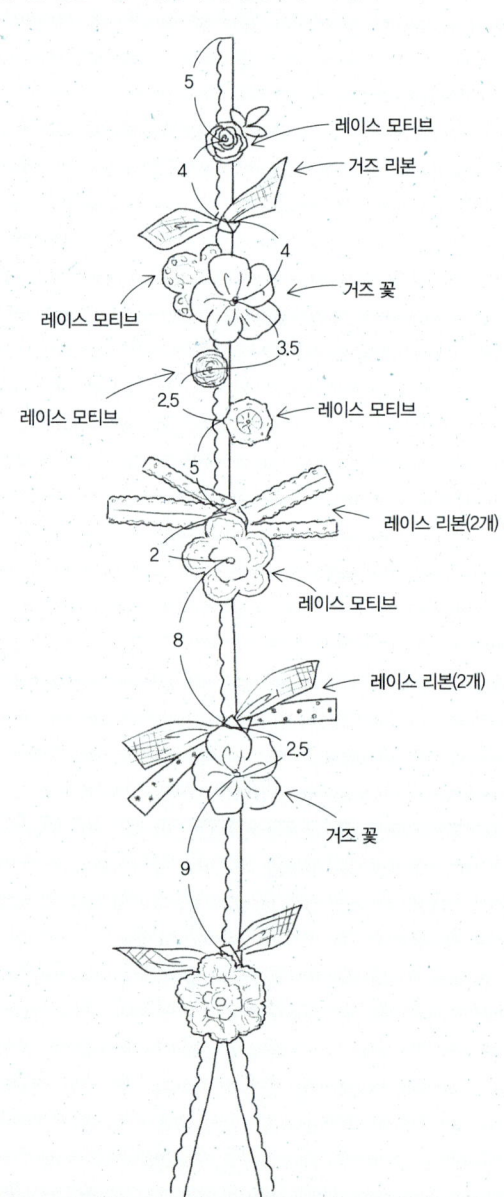

5
레이스 모티브
4
거즈 리본
4
레이스 모티브
거즈 꽃
3.5
2.5
레이스 모티브
5
레이스 리본(2개)
2
레이스 모티브
8
레이스 리본(2개)
2.5
거즈 꽃
9

램프 장식

재 료

실 | 베이스 ; (유더와야만셀 메리노 퀸) 그린
(1029) 10g, 꽃 · 열매 : (리치모아
마일드러너) 핑크(69), 레드(25), 옐로(10),
라벤더(51), 에메랄드그린(40) 각 5g씩

바늘 | 코바늘 3호

이 렇 게 만 드 세 요

1 베이스(줄기와 잎)를 뜬다.

2 꽃과 꽃심을 필요한 개수만큼 뜬다. 꽃심의 실 끝부분은
마무리할 때 사용하기 위해 남겨 놓는다.

3 열매를 필요한 개수만큼 뜬다. 열매의 실 끝부분은 마무리할 때
사용하기 위해 남겨 놓는다.

4 베이스에 꽃, 꽃심, 열매를 붙인다. 꽃심은 꽃의 중심에
중첩시키고 꽃심의 남겨 놓은 실로 베이스에 꿰매 붙인다.

**page.25
완성 치수 |**
길이 60cm

꽃 · 꽃심

(꽃)

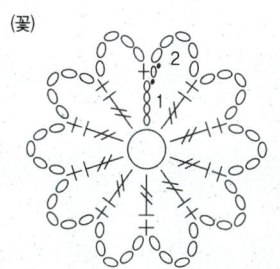

(꽃심)

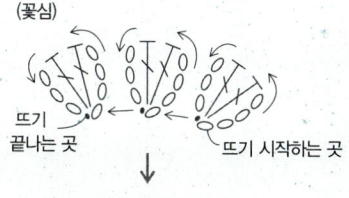

뜨기
끝나는 곳

뜨기 시작하는 곳

꽃심과 꽃을 중첩시켜
베이스에 붙여 고정시킨다.

베이스(잎 · 줄기)

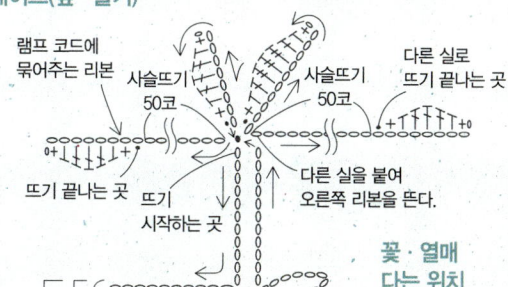

램프 코드에
묶어주는 리본

사슬뜨기
50코

사슬뜨기
50코

다른 실로
뜨기 끝나는 곳

뜨기 끝나는 곳

뜨기
시작하는 곳

다른 실을 붙여
오른쪽 리본을 뜬다.

**꽃 · 열매
다는 위치**

(모양 1개)

(모양 1개)를
10회 반복해서 뜬다.

모양 10개째

열매

∨ = 짧은뜨기 2번,
1코에서 뜨기(코 늘리기)

∧ = 짧은뜨기 2코,
한 번에 모아 뜨기(코 줄이기)

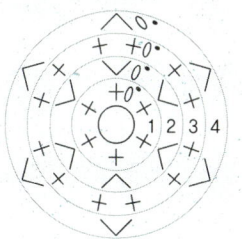

1 2 3 4

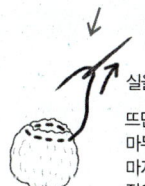

실을 잡아당겨 조인다.

뜬던 실을 안으로 집어넣어
마무리하고, 돗바늘에 실을 꿰어
마지막 단의 각 코에 돌려준 후
잡아당겨 조인다.
바늘에 있는 실로 베이스에
열매를 붙인다.

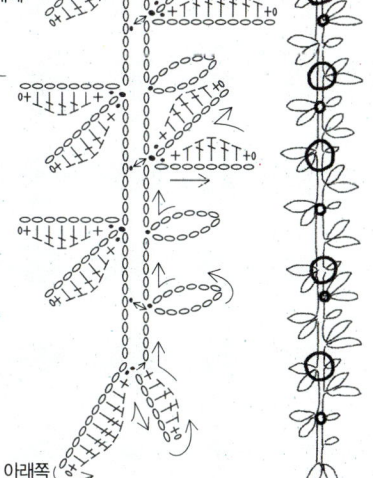

베이스의 가장 아래쪽

꽃 · 꽃심 배색표

꽃 색깔	꽃심 색깔	개수
핑크(69)	레드(25)	2
레드(25)	옐로(10)	2
라벤더(51)	옐로(10)	2
에메랄드그린(40)	옐로(10)	1

열매 배색표

열매 색깔	개수
옐로(10)	2
라벤더(51)	2
레드(25)	1
핑크(69)	1
에메랄드그린(40)	1

Fabric

화이트 리스

재 료

리스 | 평직의 무명, 리넨, 리넨 거즈, 코튼 등 좋아하는 흰색 천이나 생지를 준비해 폭 2cm×길이 25cm로
자른 것 90개 정도, 레이스 폭 1cm, 폭 2cm, 폭 2.5cm에 길이 25cm로 자른 것 각 1개씩

코르사주 | 리넨 거즈(화이트), 무명(오프화이트) 각 8×40cm(바이어스에 재단한다),
코튼(화이트) 8×42cm(바이어스에 재단한다)

기타 | 리스 베이스(안지름 10cm, 바깥 지름 16cm 정도) 1개

page.26
완성 치수 | 지름 22cm

재단하는 법(코르사주)

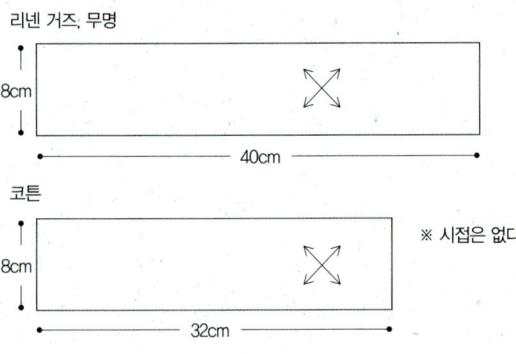

리넨 거즈, 무명

8cm

40cm

코튼

8cm

32cm

※ 시접은 없다.

리스 만드는 법

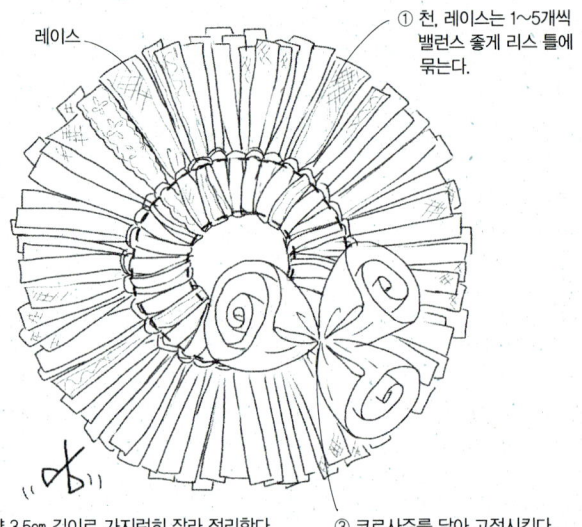

레이스

① 천, 레이스는 1~5개씩
밸런스 좋게 리스 틀에
묶는다.

② 약 3.5cm 길이로 가지런히 잘라 정리한다
(단, 레이스는 길고 짧게 잘라 악센트 효과를 준다).

③ 코르사주를 달아 고정시킨다.

코르사주 만드는 법

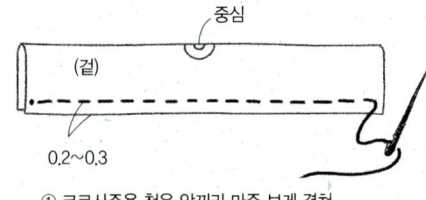

중심

(겉)

0.2~0.3

① 코르사주용 천은 안끼리 마주 보게 겹쳐
반으로 접은 뒤 홈질한다.

② 실을 잡아당겨 아랫부분을 조여주면서
끝에서부터 감는다.

③ 아랫부분을 실로 바느질하여 고정시킨다
(같은 모양으로 3개를 만든다).

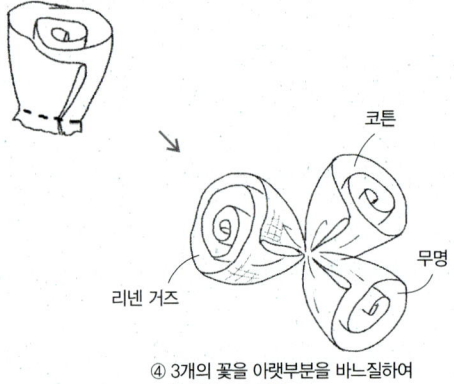

코튼

무명

리넨 거즈

④ 3개의 꽃을 아랫부분을 바느질하여
한 묶음으로 만든다.

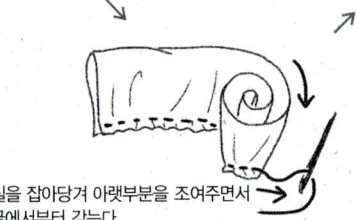

화이트 리스

재 료

실 | (하마나카 펠티) 오프화이트(1) 50g, (하마나카 에코안다리야) 오프화이트(168) 10g, (리치모아 퍼센트)
　　오프화이트(2) 10g ※화이트의 그러데이션 효과를 잘 실릴 수 있도록 실을 선택.

바늘 | 코바늘 5호

기타 | 리스 베이스(안지름 10㎝, 바깥지름 16㎝ 정도) 1개

page.27

완성 치수 | 지름 22㎝
게이지 | 코르사주 꽃(대) 지름 9㎝

코르사주(리치모아 퍼센트 실로 각 1개)

꽃(소)

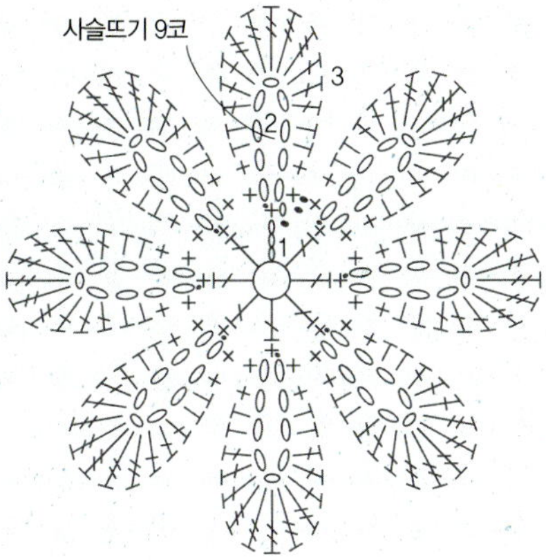

사슬뜨기 9코

3

꽃(대)

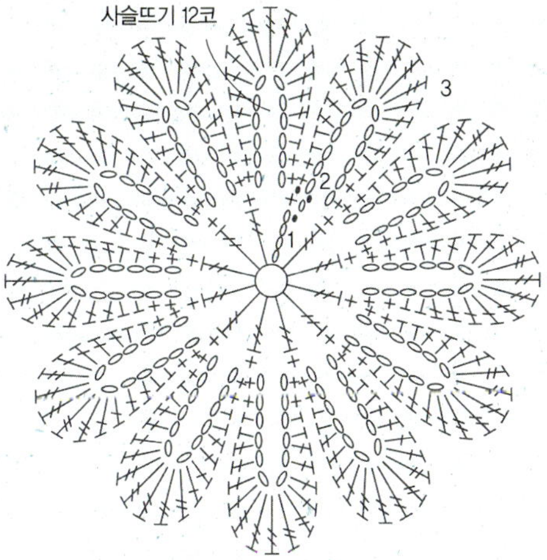

사슬뜨기 12코

3

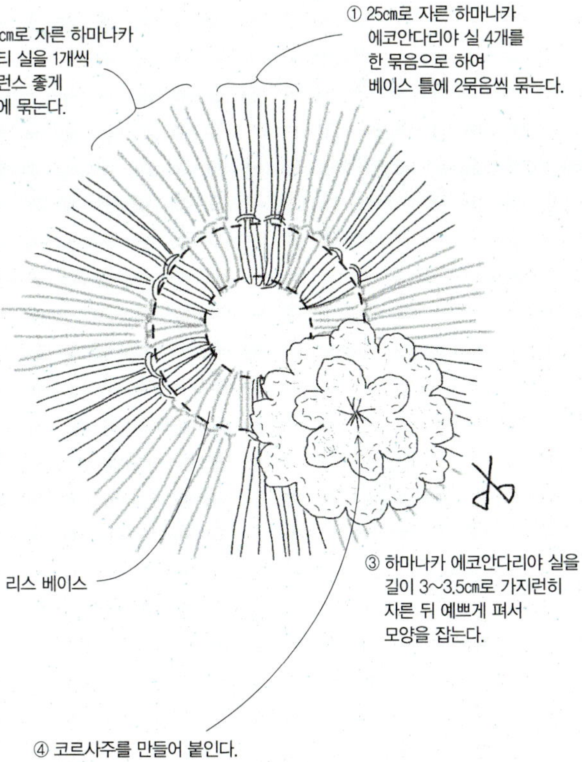

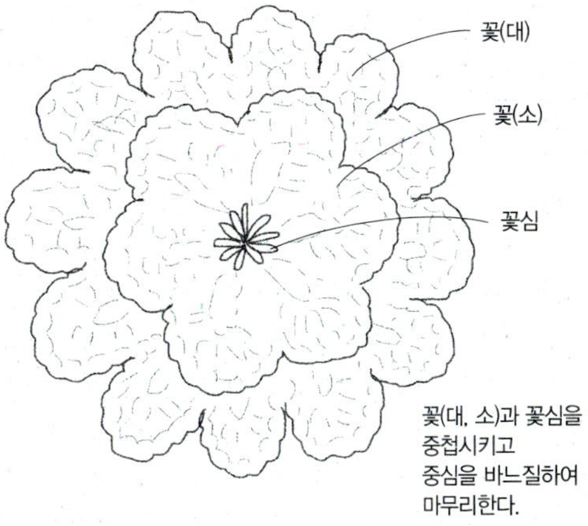

꽃심(하마나카 펠티 실을 사용)

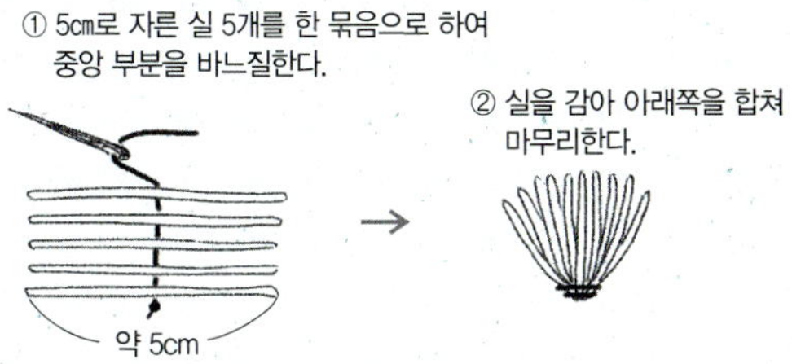

① 5㎝로 자른 실 5개를 한 묶음으로 하여
　중앙 부분을 바느질한다.

② 실을 감아 아래쪽을 합쳐
　마무리한다.

약 5cm

리스 만드는 법

② 25㎝로 자른 하마나카
　펠티 실을 1개씩
　밸런스 좋게
　틀에 묶는다.

① 25㎝로 자른 하마나카
　에코안다리야 실 4개를
　한 묶음으로 하여
　베이스 틀에 2묶음씩 묶는다.

리스 베이스

③ 하마나카 에코안다리야 실을
　길이 3~3.5㎝로 가지런히
　자른 뒤 예쁘게 펴서
　모양을 잡는다.

④ 코르사주를 만들어 붙인다.

꽃(대)

꽃(소)

꽃심

꽃(대, 소)과 꽃심을
중첩시키고
중심을 바느질하여
마무리한다.

87

Fabric

page.32
완성 치수 | 꽃 지름 8.5cm

장미 코르사주

재 료

꽃 | 무지 실크(ⓐ 짙은 핑크에서부터 ⓔ 옅은 핑크까지 색의 농담을 달리한 핑크색 5종을 사용).
　　 ⓐ 4.5×12cm, ⓑ 5×12cm, ⓒ 5×13.5cm, ⓓ 5.5×22cm, ⓔ 6×30cm

잎 | 무지 실크(카키) 4.5×18cm

꽃받침 | 무지 실크(카키) 8.5×8.5cm

기타 | 조화용 와이어 No.22 20cm 1개, No.30 8cm 5개, 스티로폼 구슬 지름 16mm 1개, 코르사주 핀 1개,
　　 수예용 본드

꽃잎본 ※50% 축소본. 200% 확대하여 사용

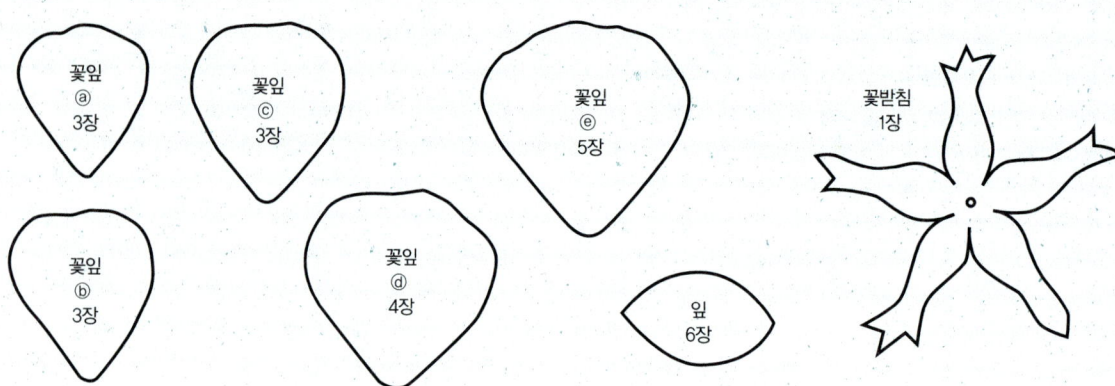

꽃잎
ⓐ
3장

꽃잎
ⓒ
3장

꽃잎
ⓔ
5장

꽃받침
1장

꽃잎
ⓑ
3장

꽃잎
ⓓ
4장

잎
6장

코르사주 만드는 법

① 꽃잎의 가장자리는 손으로
　 비벼 약간 안쪽으로 접히게 한다.

② 타월이나 천 위에 꽃잎을
　 올려놓고 다리미의 끝을
　 꽃잎에 대고 둥글게 모양을 잡는다.

③ No.22의 와이어는 스티로폼 구슬 중심에
　 통과시키고 와이어의 끝을 구부려
　 꽃봉오리 모양으로 만든 뒤 본드로 고정시킨다.

④ 스티로폼 구슬 주위에 ⓐ~ⓔ 순서로
　 꽃잎을 붙인다.
　 꽃잎 아랫부분에 본드를 바르고 꽃잎의
　 표정을 연출해 가면서 붙인다.

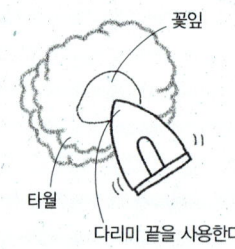

꽃잎

타월

다리미 끝을 사용한다.

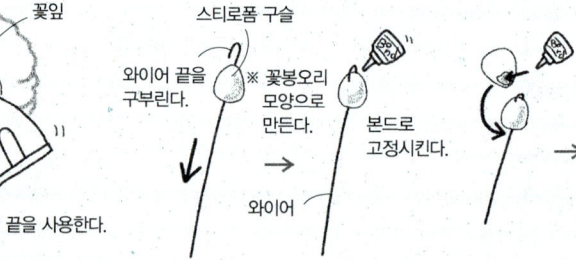

와이어 끝을
구부린다.

스티로폼 구슬

※ 꽃봉오리
모양으로
만든다.

본드로
고정시킨다.

와이어

⑤ 꽃받침에 본드를 발라
　 꽃잎 아래에 붙여 고정시킨다.

⑥ 잎은 2장 겹쳐 중심 부분을 바느질한다.
　 본드를 사용해 와이어를 잎에 붙인다.
　 같은 방법으로 3개 만들어 잎을 한데 모은다.
　 이때 와이어를 꼬아주면 더 예쁘다.

⑦ 꽃에 잎의 와이어를 붙여 완성한다.

⑧ 마지막으로 꽃의 안쪽에 본드로
　 코르사주 핀을 단다.

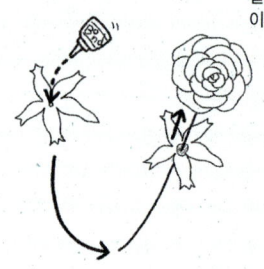

잎 2장

바느질
부분

3개를 한데
모은다.

장미 코르사주

재료

실 | (리치모아 마일드러너) ⓐ 보라(21),
　　　ⓑ 라벤더(51), ⓒ 연보라(36) 5g씩
　　　ⓓ (리치모아 퍼센트) 보라(60) 5g
　　　ⓔ (만셀메리노퀸) 그린(1029) 5g

바늘 | 코바늘 3호

기타 | 코르사주 핀 1개, 수예용 본드

이 렇 게　만 드 세 요

1 꽃잎(소)은 실 ⓐ, ⓑ, ⓒ로 각 3장을 뜬다. 꽃잎(대)은 실 ⓒ로 5장,
　ⓓ로 2장 뜬다. 잎(소)은 실 ⓔ로 2장 뜨고, 잎(대)은 실 ⓔ로
　1장 뜬다.
　꽃받침은 실 ⓔ로 1장 뜨고, 줄기는 실 ⓔ를 2겹으로 1개 뜬다
　(줄기는 사슬뜨기 60코).

2 꽃잎은 중심에서부터 바깥쪽으로 붙이는데, 서로 중첩시키면서
　중심을 고정시킨다.

3 꽃 아래쪽에 꽃받침을 놓고 중심을 꿰매 고정시킨다.

4 잎 3장을 한데 모아 꽃 안쪽에 붙인다.

5 줄기를 안쪽 중심에 붙인다.

6 안쪽에 코르사주 핀을 본드로 단다.

page.33

완성 치수 | 꽃 지름 7㎝

꽃잎(소)

(ⓐ, ⓑ, ⓒ 실로
각 3장을 뜬다)

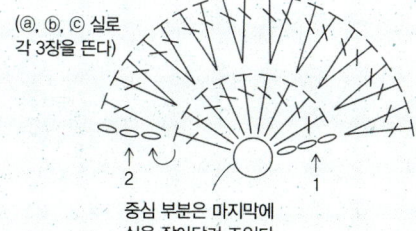

중심 부분은 마지막에
실을 잡아당겨 조인다.

꽃잎(대)

(ⓒ로 5장,
ⓓ로 2장을 뜬다)

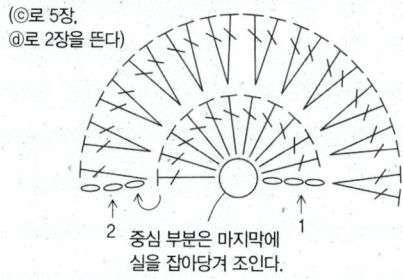

중심 부분은 마지막에
실을 잡아당겨 조인다.

꽃받침

(ⓔ로 1장 뜬다)

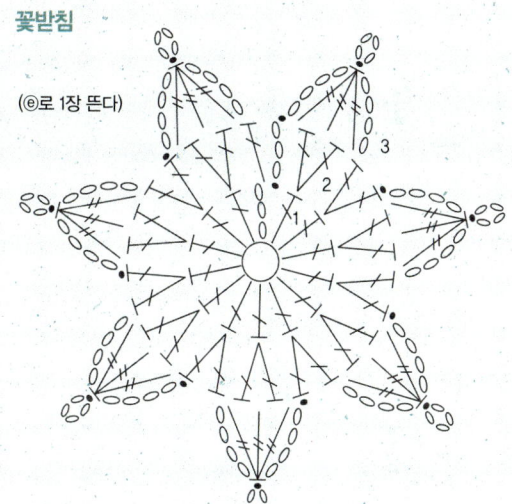

잎(소)

(ⓔ로 2장 뜬다)

사슬뜨기 11코

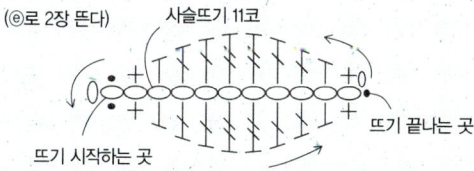

뜨기 시작하는 곳

뜨기 끝나는 곳

잎(대)

(ⓔ로 1장 뜬다)

사슬뜨기 13코

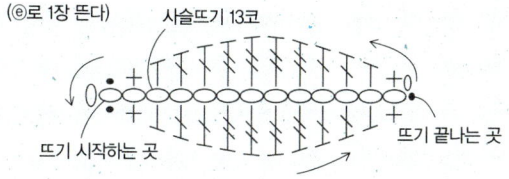

뜨기 시작하는 곳

뜨기 끝나는 곳

코르사주 마무리하는 법

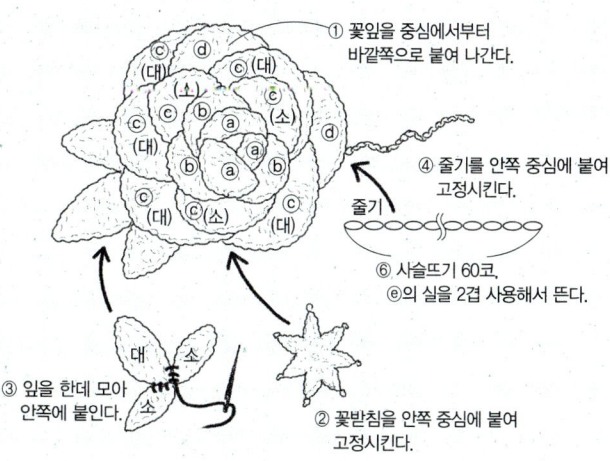

① 꽃잎을 중심에서부터
　바깥쪽으로 붙여 나간다.

④ 줄기를 안쪽 중심에 붙여
　고정시킨다.

줄기

⑥ 사슬뜨기 60코,
　ⓔ의 실을 2겹 사용해서 뜬다.

③ 잎을 한데 모아
　안쪽에 붙인다.

② 꽃받침을 안쪽 중심에 붙여
　고정시킨다.

Fabric

미니 머플러

재 료

머플러 | 캐시미어 울 헤링본(베이지) 120×21.5㎝
패치워크 천 | 좋아하는 울 소재의 조각 천, 토숀 레이스, 프린지 레이스 적당량씩

page.34
완성 치수 | 폭 22㎝×길이 144㎝

1 머플러 베이스 가장자리는 재봉틀로 지그재그로 박는다.

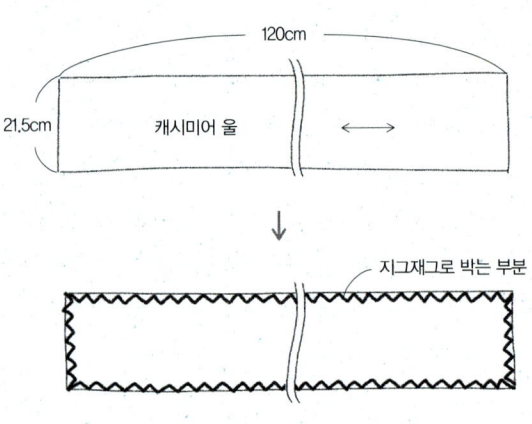

120cm

21.5cm

캐시미어 울

지그재그로 박는 부분

2 패치워크용 천과 레이스를 배치하고 각 천의 가장자리를 바느질한다. 천이 겹치는 경우엔 불필요한 부분을 자른다.

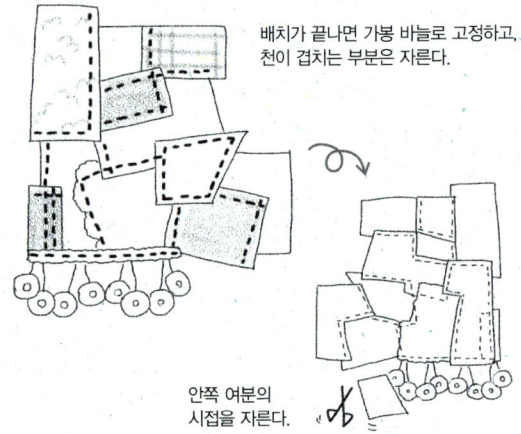

배치가 끝나면 가봉 바늘로 고정하고, 천이 겹치는 부분은 자른다.

안쪽 여분의 시접을 자른다.

3 2를 1의 양 끝에 올려놓고 바느질한다. 안쪽 면의 머플러 끝의 불필요한 부분은 잘라낸다.

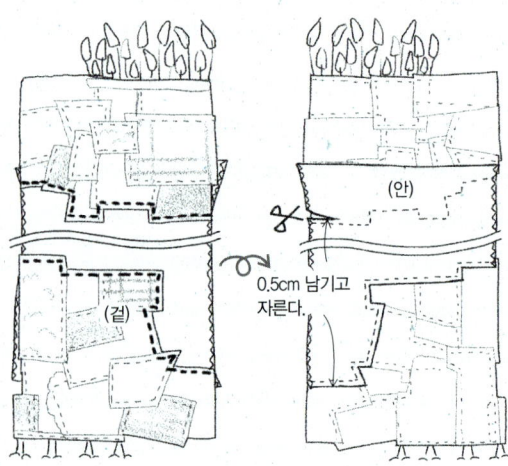

(안)

(겉)

0.5cm 남기고 자른다.

4 머플러의 중앙에도 조각 천 등을 배치하고 바느질하여 붙인다.

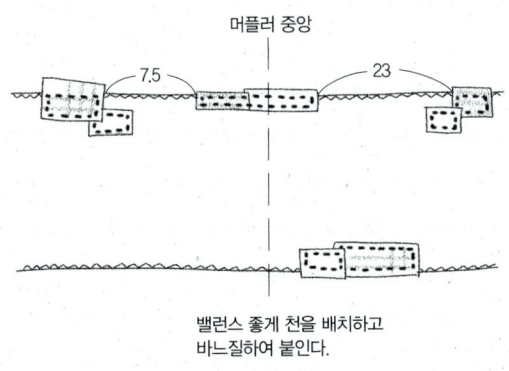

머플러 중앙

7.5

23

밸런스 좋게 천을 배치하고 바느질하여 붙인다.

패치워크 천 배치도 ※도안은 25% 축소본. 도안을 참고로 밸런스 있게 조각 천을 배치해 볼 것.

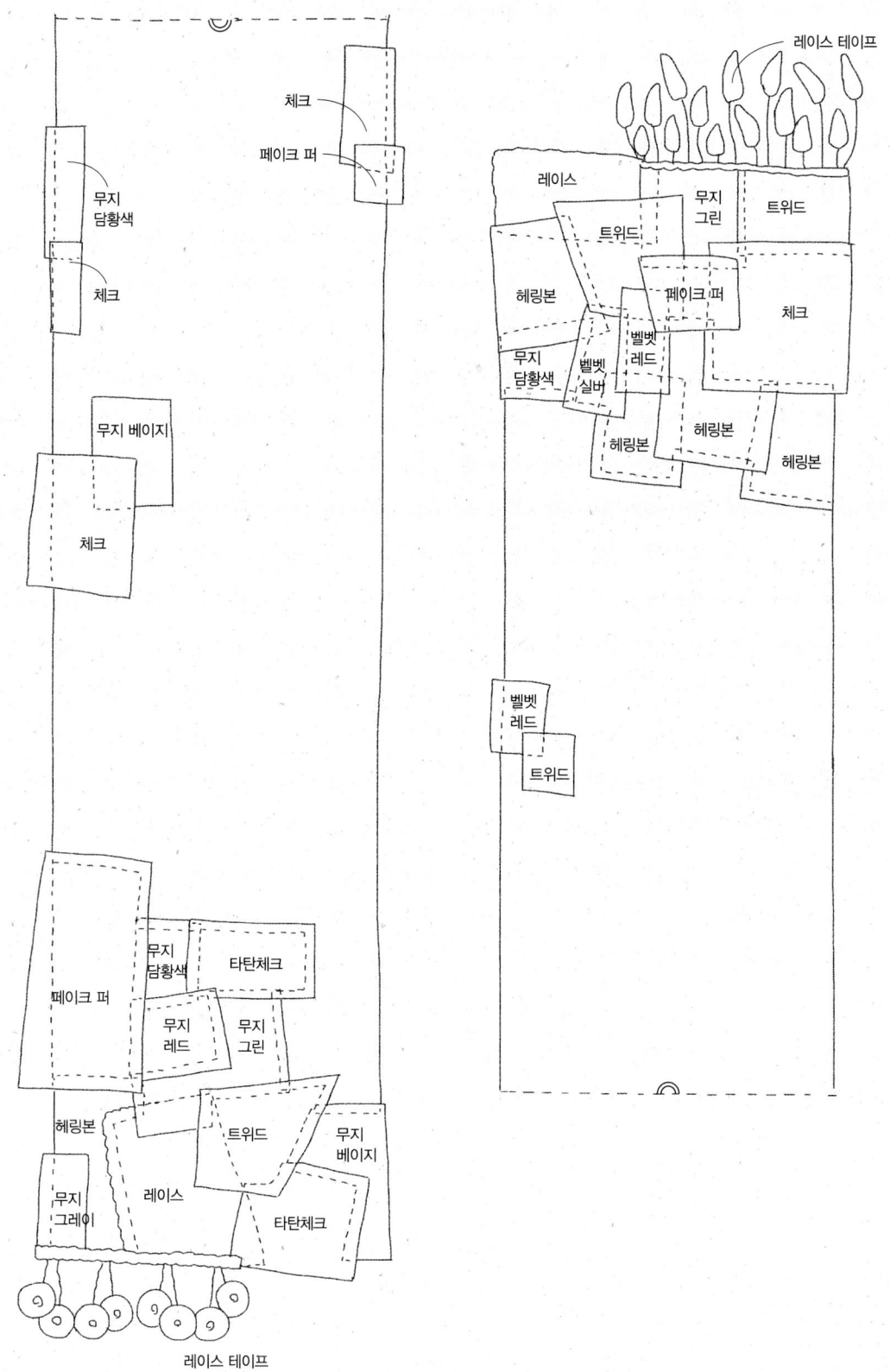

레이스 테이프

체크

페이크 퍼

무지
담황색

체크

무지 베이지

체크

레이스

트위드

무지
그린

트위드

헤링본

페이크 퍼

체크

무지
담황색

벨벳
실버

벨벳
레드

헤링본

헤링본

헤링본

벨벳
레드

트위드

페이크 퍼

무지
담황색

타탄체크

무지
레드

무지
그린

헤링본

트위드

무지
베이지

무지
그레이

레이스

타탄체크

레이스 테이프

Knit

미니 머플러

재료

실 | 머플러 베이스 : (리치모아 테디)
베이지(11) 90g
모티브 : (리치모아 소프실크 모헤어)
베이지(3), 새먼(4), 핑크(5), 그린(7),
머스터드(8), 다크 브라운(9), 다홍색(11),
모스 그린(14) 각 5g씩

바늘 | 대바늘 15호, 코바늘 5호

이렇게 만드세요

1 대바늘로 머플러 베이스를 뜬다.
2 모티브 색상과 개수를 참고하여 A~G의 7종류 모티브를 모두 27개 뜬다.
3 배치도를 참조하여 모티브를 머플러 베이스에 배치한다. 베이스에 올려놓는 모티브는 모티브 안쪽 면을 베이스에 닿게 하여 꿰매서 고정시킨다.
4 꿰매는 실은 모티브 색상에 맞추고, 머플러 표면과 모티브 안쪽을 울지 않게 잘 떠서 바느질한다. 베이스 위에 올려놓지 않는 모티브는 주위의 모티브 색과 잘 어울리는 색깔의 실을 골라 서로 연결하여 고정시킨다.

page.35
완성 치수 | 폭 22cm×길이 144cm
게이지 | (머플러) 10×10cm 10코, 16단

모티브 A

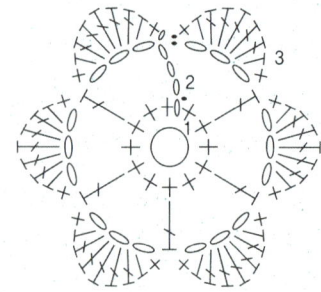

모티브 B

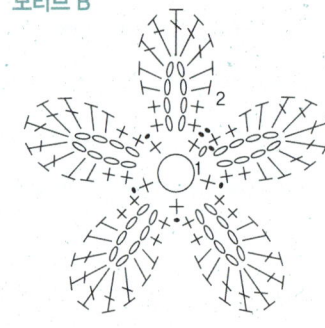

모티브 E

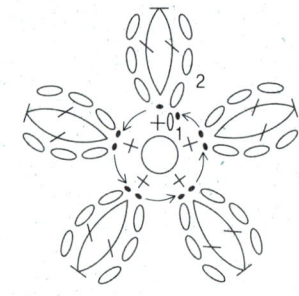

모티브 색과 개수

	사용색 · 개수
A	머스터드(8) · 다홍색(11) 각 1장
B	새먼(4) · 핑크(5) · 다크 브라운(9) · 다홍색(11) 각 1장, 모스 그린(14) 2장
C	베이지(3) · 머스터드(8) · 그린(7) · 다크 브라운(9) · 새먼(4) · 핑크(5) 각 1장
D	그린(7) 1장
E	베이지(3) · 핑크(5) · 다홍색(11) · 다크브라운(9) 각 1장, 새먼(4) · 모스 그린(14) 각 2장씩
F	그린(7) 2장
G	핑크(5) 1장, 다크 브라운(9) 1장

모티브 C

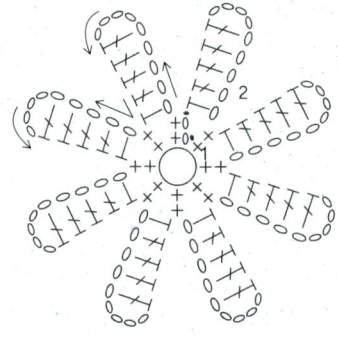

모티브 F

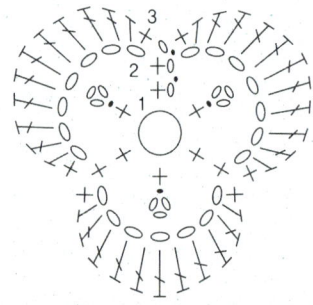

모티브 D

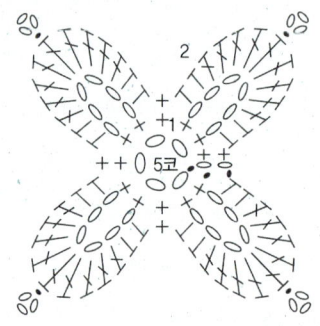

모티브 G

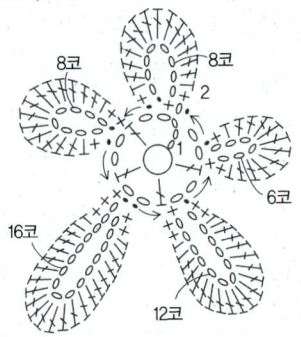

머플러 베이스

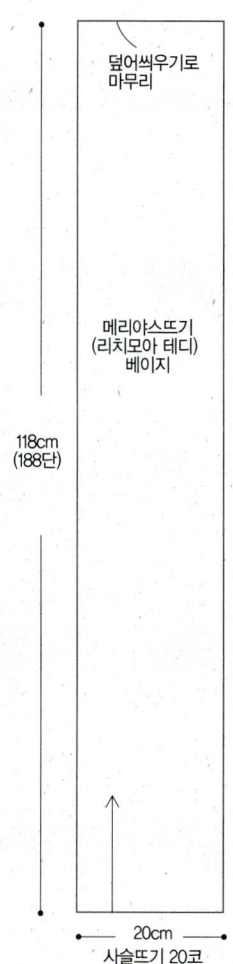

덮어씌우기로
마무리

메리야스뜨기
(리치모아 테디)
베이지

118cm
(188단)

20cm
사슬뜨기 20코

모티브 배치도

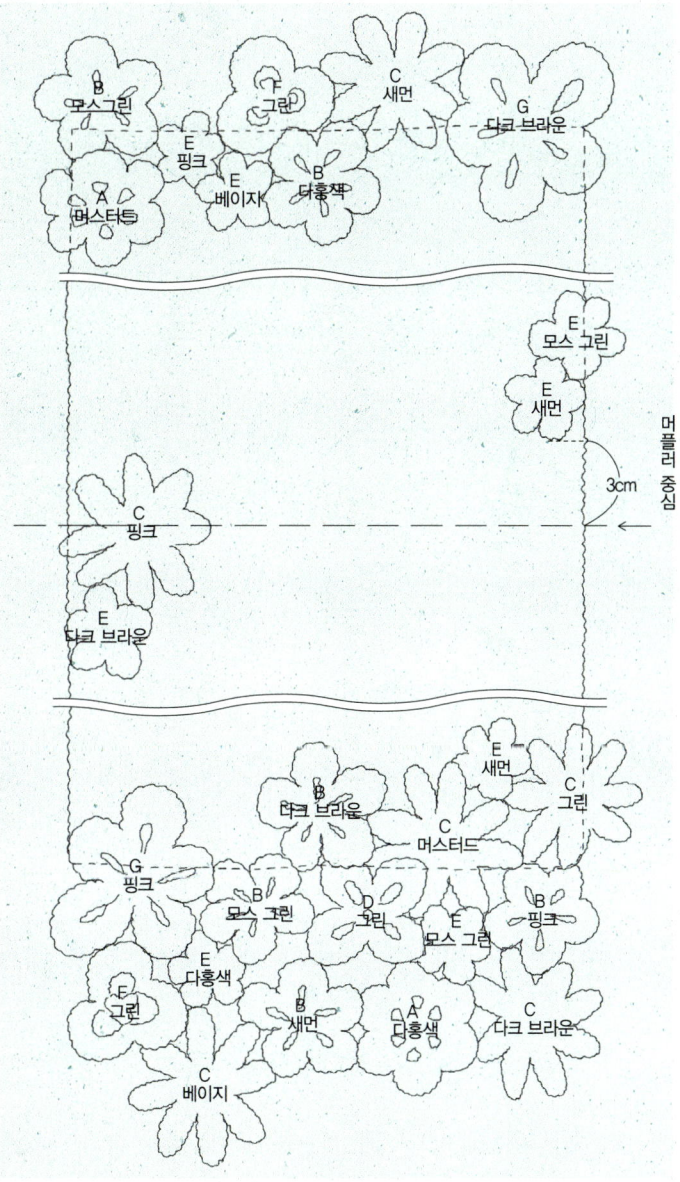

Fabric

플라워 모티브 파우치

재 료

파우치 | 스트라이프가 들어간 리넨(앞면), 무지 리넨(뒷면) 각 27.5×22cm
아플리케 | 코튼, 리넨, 거즈, 레이스 천 등 약간씩(11종류)
기타 | 리넨 끈 지름 2mm×1.2m

page.36
완성 치수 | 19×17cm

파우치본 ※50% 축소본, 200% 확대하여 사용

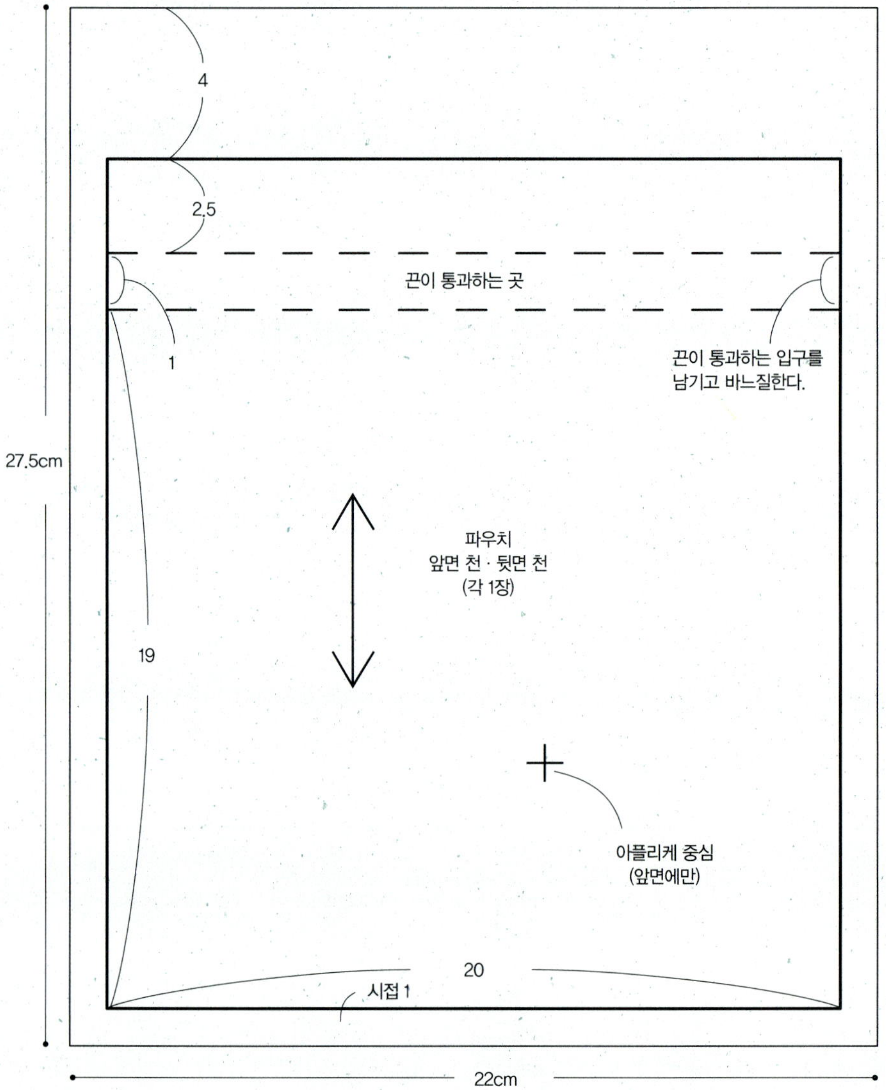

4

2,5

끈이 통과하는 곳

끈이 통과하는 입구를
남기고 바느질한다.

1

27.5cm

파우치
앞면 천 · 뒷면 천
(각 1장)

19

아플리케 중심
(앞면에만)

20

시접 1

22cm

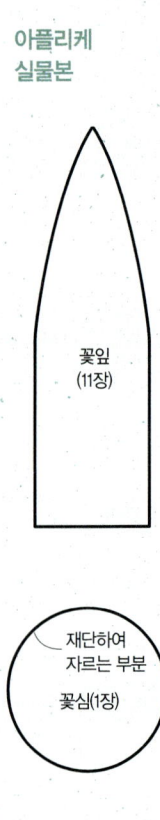

**아플리케
실물본**

꽃잎
(11장)

재단하여
자르는 부분
꽃심(1장)

1 파우치 앞면과 뒷면 천은 각각 가장자리를 재봉틀로 지그재그로
박아 정리한다.

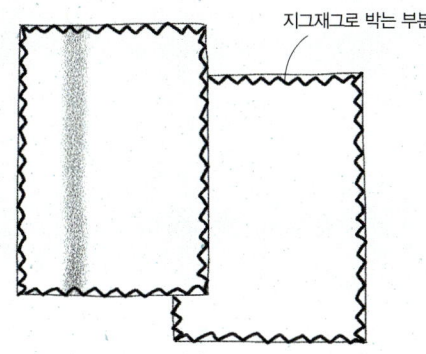

지그재그로 박는 부분

2 아플리케용 꽃잎 아랫부분은 바느질하여 모양을 잡는다.
앞면 천 위에 배치한 후 바느질로 꿰매 고정시킨다.

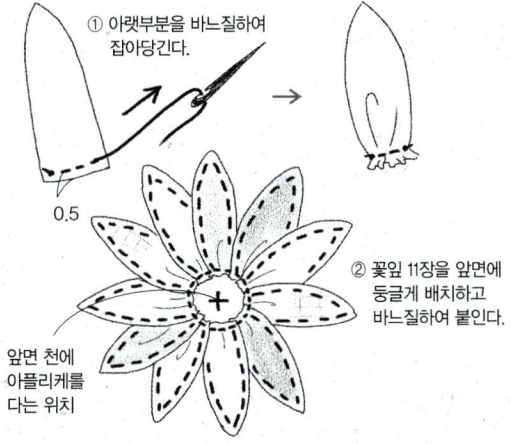

① 아랫부분을 바느질하여
잡아당긴다.

0.5

앞면 천에
아플리케를
다는 위치

② 꽃잎 11장을 앞면에
둥글게 배치하고
바느질하여 붙인다.

3 아플리케 중심에 꽃심용 천을 올려놓고, 가장자리는 블랭킷 스티치를
하여 붙인다.

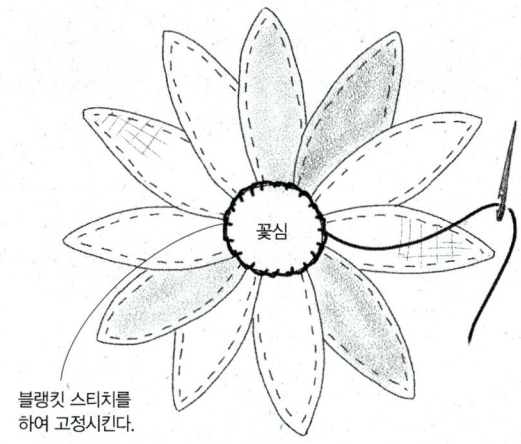

꽃심

블랭킷 스티치를
하여 고정시킨다.

4 앞면과 뒷면 천은 겉끼리 마주 보게 포갠 뒤, 파우치 입구 이외의
가장자리를 바느질해 붙인다(단, 끈이 통과하는 곳은 남기고
바느질한다).

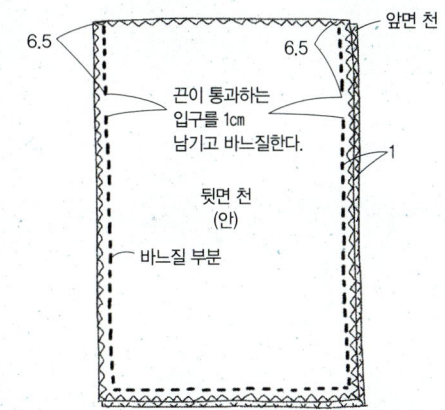

6.5   앞면 천

6.5

끈이 통과하는
입구를 1cm
남기고 바느질한다.

1

뒷면 천
(안)

바느질 부분

5 좌우 옆의 시접을 다리미로 나눠주고, 끈이 통과하는 입구 주위를
바느질한다.

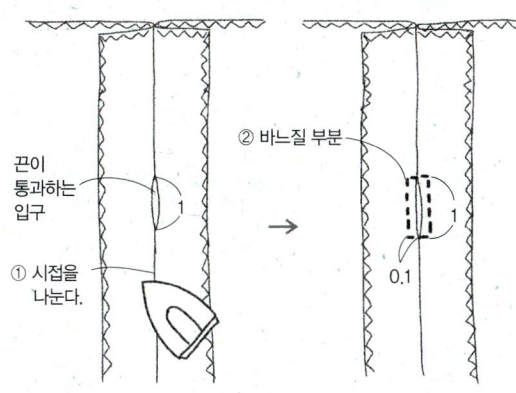

끈이
통과하는
입구

1

① 시접을
나눈다.

② 바느질 부분

1

0.1

6 파우치는 밖으로 뒤집은 다음 입구 부분을 안으로 접어 넣고, 끈이
통과하는 곳에 스티치를 한다. 마지막으로 끈을 끼운 후 양 끝을
묶는다.

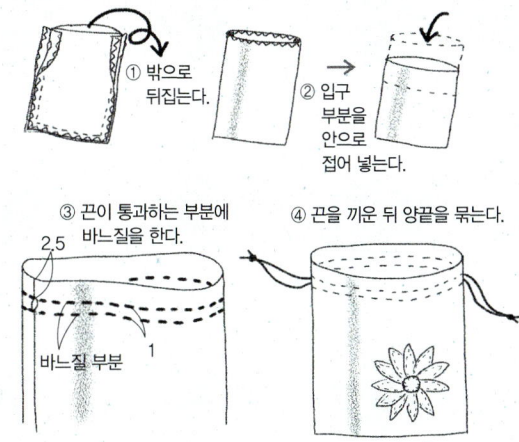

① 밖으로
뒤집는다.

② 입구
부분을
안으로
접어 넣는다.

③ 끈이 통과하는 부분에
바느질을 한다.

2.5

바느질 부분

1

④ 끈을 끼운 뒤 양끝을 묶는다.

Knit

플라워 모티브 파우치

재료

실 | 파우치 : (하마나카 플랙스 k)
화이트(11), 레드(203) 각 50g씩
※ 코르사주 꽃과 끈, 방울 포함
코르사주 : 꽃심 / (리치모아 퍼센트)
겨자색(6) 약간
잎 : (하마나카 코튼 노톡) 베이지(13),
그린(6) 각 5g씩

바늘 | 대바늘 6호, 코바늘 4호

page.37
완성 치수 23×20cm
게이지(파우치) 10×10cm 18코, 25단

이렇게 만드세요

1 파우치 본체를 뜬다. 레드와 화이트 실을 2겹으로(화이트와 레드 두 뭉치 실에서 빼서 뜬다) 하여, 대바늘 6호로 처음 앞면을 뜬다.

2 1의 뜨개질 한 편물을 아래위로 바꿔 잡고, 앞면에서 코 만들기로 뜬 코(38코)에서부터 38코를 주워 앞면과 같은 방법으로 뒷면을 뜬다.

3 파우치 옆을 바늘로 꿰매서 잇는다.

4 코바늘로 코르사주(꽃 1개, 잎 2장, 루프 2개)를 뜬다.

5 코르사주를 완성하여 파우치에 붙인다.

6 사슬뜨기 120코를 2번 떠서 끈을 만든 후 파우치에 끼운다.

7 방울을 2개 만들어 각각의 끈에 단다.

코르사주 · 꽃

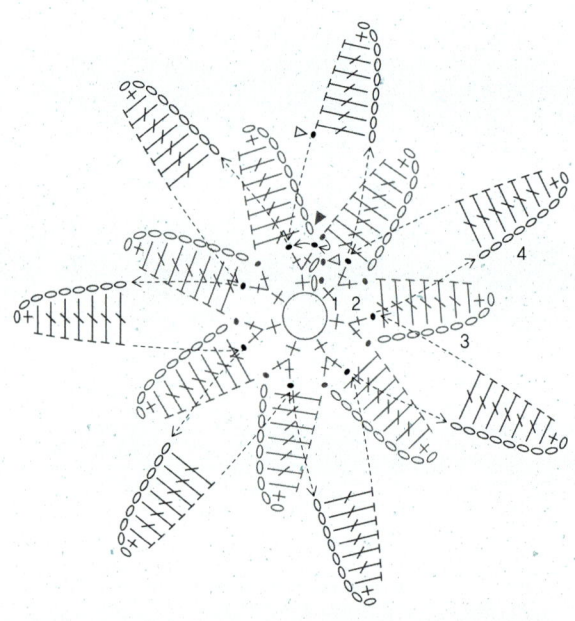

▷ 실을 자른다.
▶ 실을 잇는다.
● 안쪽에서 2단째의 짧은뜨기에 빼뜨기를 한다.
⟿ 안쪽의 빼뜨기에서 계속 떠 나간다.

방울

※ 레드 실 1겹으로 2개를 뜬다.

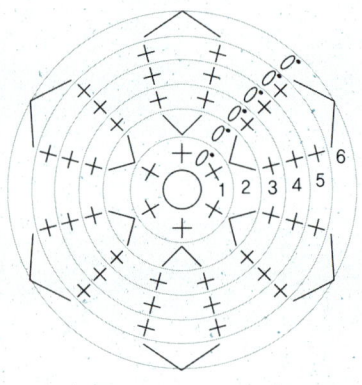

∨ = ⊹ 짧은뜨기 2번, 1코에서 뜨기(코 늘리기)

∧ = ⋏ 짧은뜨기 2코, 한 번에 모아 뜨기(코 줄이기)

★ 마지막에 사용한 실을 안으로 넣어 매듭을 짓는다. 돗바늘에 실을 꿰어 마지막 단의 각 코에 돌려준 뒤 잡아당겨 조인다(P.85 참조).

파우치 끈

※ 레드 실 1겹으로 2개를 뜬다.

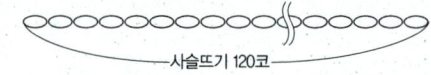

사슬뜨기 120코

코르사주 · 잎

※ 베이지와 그린 실 2겹으로 2장 뜬다.

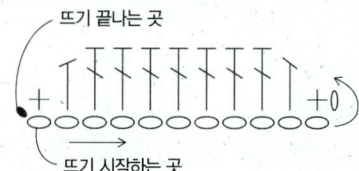

뜨기 끝나는 곳
뜨기 시작하는 곳

코르사주 · 루프

※ 베이지와 그린 실 2겹으로 각 1개씩 뜬다.

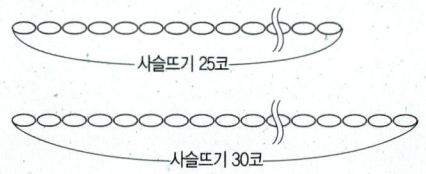

사슬뜨기 25코
사슬뜨기 30코

파우치 ※ 레드와 화이트 실 2겹, 대바늘 6호로 뜬다.

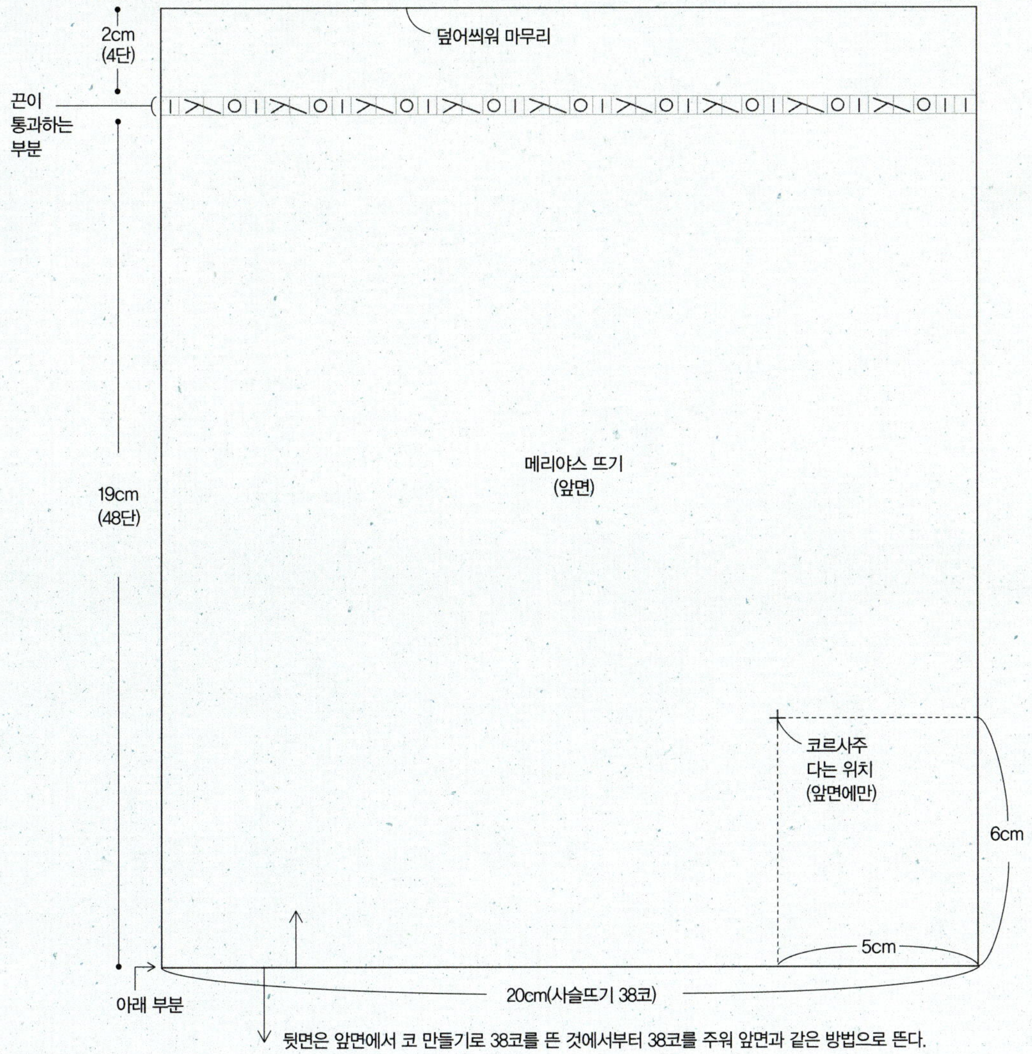

덮어씌워 마무리

2cm
(4단)

끈이
통과하는
부분

|X｜O｜X｜O｜X｜O｜X｜O｜X｜O｜X｜O｜X｜O｜X｜O｜X｜O｜

메리야스 뜨기
(앞면)

19cm
(48단)

코르사주
다는 위치
(앞면에만)

6cm

5cm

아래 부분

20cm(사슬뜨기 38코)

뒷면은 앞면에서 코 만들기로 38코를 뜬 것에서부터 38코를 주워 앞면과 같은 방법으로 뜬다.

코르사주 마무리하는 법

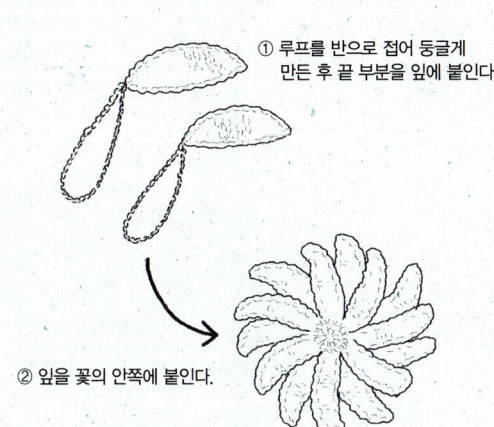

① 루프를 반으로 접어 둥글게
만든 후 끝 부분을 잎에 붙인다.

② 잎을 꽃의 안쪽에 붙인다.

파우치 마무리하는 법

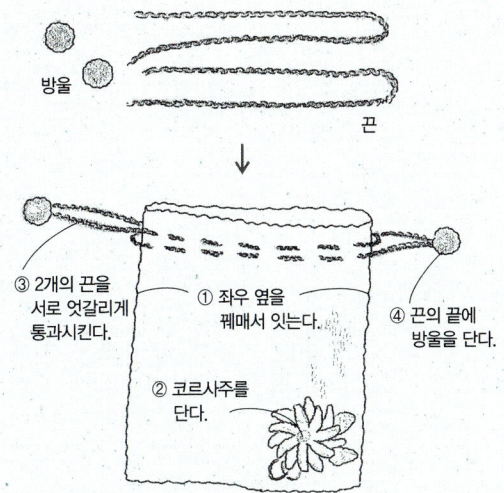

방울

끈

③ 2개의 끈을
서로 엇갈리게
통과시킨다.

① 좌우 옆을
꿰매서 잇는다.

④ 끈의 끝에
방울을 단다.

② 코르사주를
단다.

Fabric

장미 모티브 팔찌

재료

꽃 | 벨벳 리본(레드, 핑크) 폭 2cm, 길이 각 40cm
잎 | 벨벳 리본(그린) 폭 1cm, 길이 28cm
베이스 | 벨벳 리본(그린) 폭 1cm, 길이 52cm

page.38
완성 치수 | 폭 3.5cm개×길이 52cm

1 장미를 2개 만든다.

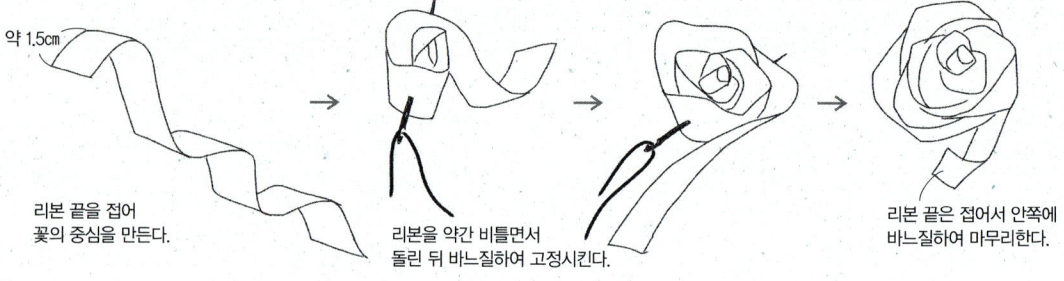

약 1.5cm

리본 끝을 접어
꽃의 중심을 만든다.

리본을 약간 비틀면서
돌린 뒤 바느질하여 고정시킨다.

리본 끝은 접어서 안쪽에
바느질하여 마무리한다.

2 잎을 2장 만든다.

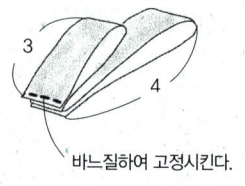

3

4

바느질하여 고정시킨다.

3 베이스 리본에 잎을 바느질하여 붙인다.

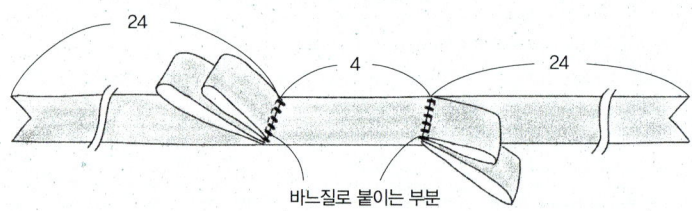

24

4

24

바느질로 붙이는 부분

4 베이스에 붙인 잎 사이에 장미를 올려놓고, 베이스 안쪽에서부터 바느질하여 장미를 단다.

꽃을 올려놓은 베이스 리본에서부터
바느질하여 장미를 고정시킨다.

Knit

장미 모티브 팔찌

재료

실 | 베이스 A : (유더와야만셀 메리노 퀸)
카키(1029) 5g,
베이스 B : (리치모아 마일드 러너)
그린(12) 5g
미니 장미 : (리치모아 마일드 러너)
옐로(10), 블루(57), 라벤더(51),
새먼핑크(67), 레드(25), 핑크(69), 민트(42)
각 5g씩

바늘 | 코바늘 3호

이렇게 만드세요

1 베이스 A를 뜬다.
2 베이스 B를 뜬다. 베이스 B에서 잎의 근원부와 사슬뜨기를
한 루프에서 빼뜨기를 할 때, 동시에 베이스 A에도 바늘을
통과시켜 2개의 베이스를 서로 합치는 요령으로 뜬다.
3 미니 장미 7개, 꽃봉오리 2개를 뜬다.
4 베이스의 양 끝에 꽃봉오리를 달고, 중앙의 적당한 위치에
미니 장미를 달아 완성한다.

page.39

완성 치수 | 폭 3.5cm × 길이 47cm

꽃봉오리

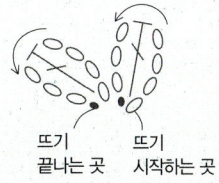

뜨기
끝나는 곳　뜨기
시작하는 곳

미니 장미 만드는 법

뜨기 시작하는 쪽을 심으로 하여
꽃잎을 돌려주고, 뜨기가 끝나는
실로 아랫부분을 꿰매 모양을 만든다.

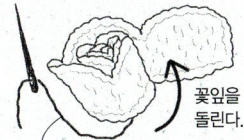

꽃잎을
돌린다.

뜨기가 끝난 실(약 20cm)

미니 장미의 색과 개수

장미의 색	개수
옐로(10)	1
블루(57)	1
라벤더(51)	1
새먼핑크(67)	1
레드(25)	1
핑크(69)	1
민트(42)	1

꽃봉오리 색과 개수

꽃봉오리 색	개수
레드(25)	1
라벤더(51)	1

미니 장미

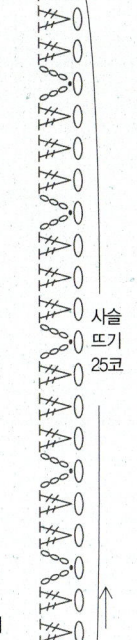

(꽃 외측)

사슬
뜨기
25코

뜨기
끝나는
곳
(실을
약 20cm
남긴다)

뜨기
시작
하는
곳

(꽃 중심 측)

베이스

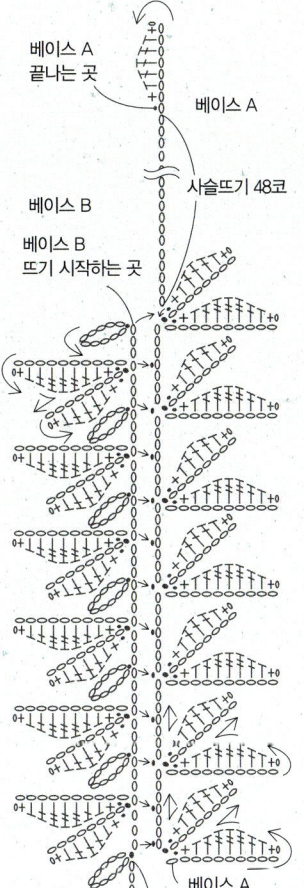

베이스 A
끝나는 곳

베이스 A

사슬뜨기 48코

베이스 B

베이스 B
뜨기 시작하는 곳

베이스 A
뜨기 시작하는 곳

사슬뜨기 48코

베이스 B
뜨기 끝나는 곳

꽃을 다는 위치

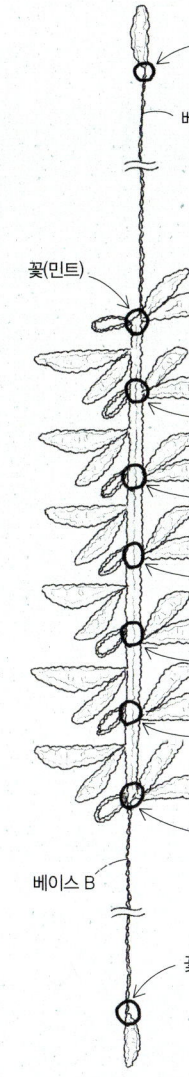

꽃봉오리(레드)

베이스 A

꽃(민트)

꽃(핑크)

꽃(레드)

꽃(새먼핑크)

꽃(라벤더)

꽃(블루)

꽃(옐로)

베이스 B

꽃봉오리(라벤더)

※ 꽃과 꽃봉오리 모두 뜨기가 끝난
실을 사용하여 베이스에 붙인다.

Fabric

토트백

재 료

백 | 마(블루) 45×95cm
코르사주 | 망사(오프화이트) 폭 10×100㎝, 폭 9×70㎝ 각 1개. 폭 7×18㎝ 4개
기타 | 두꺼운 접착심 45×50㎝,
　　　　자수 실 화이트 약간
바늘 | 프랑스 자수바늘 7번

page.40
완성 치수 | 높이 18.5㎝×백 입구
폭 27㎝(손잡이 제외)

재단하는 법 ※ 실물본은 P.140～141 참조

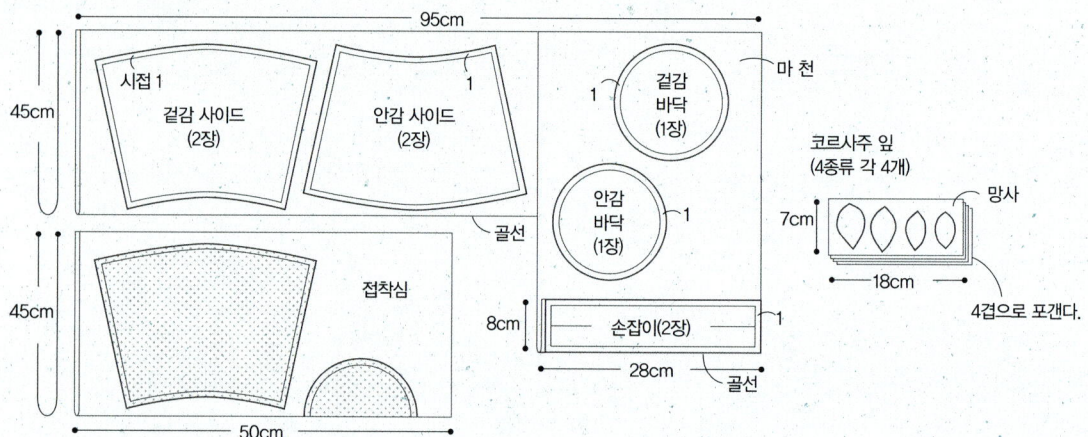

1 겉감의 사이드와 바닥의 안쪽 면에 접착심을 붙인다.

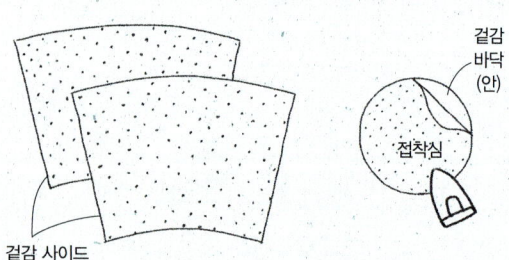

2 겉감의 사이드 2장은 겉끼리 마주 보게 합친 뒤 양쪽 가장자리를
바느질한다. 시접을 나누고 스티치를 하여 누른다.

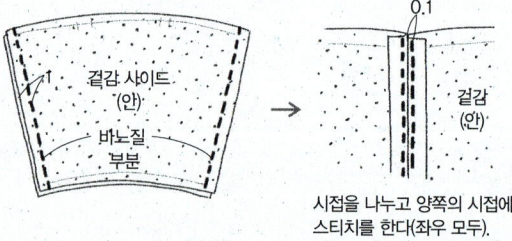

3 겉감의 사이드와 바닥을 겉끼리 마주 닿게 합친 뒤 바느질한다.

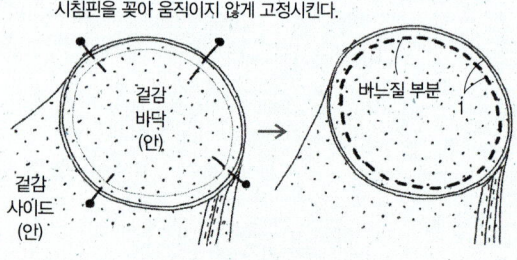

4 안감의 사이드 2장은 겉끼리 마주 보게 합친 뒤 옆을 바느질한다.
한쪽은 창구멍을 남긴다. 시접을 나누고 스티치를 하여 누른다.

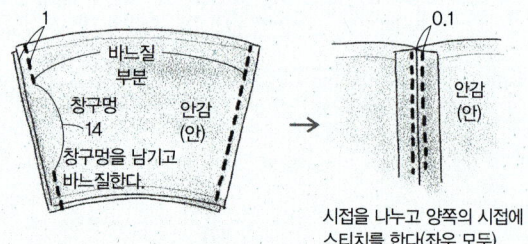

5 안감의 사이드와 바닥은 겉끼리 마주 보게 합친 뒤 바느질한다.

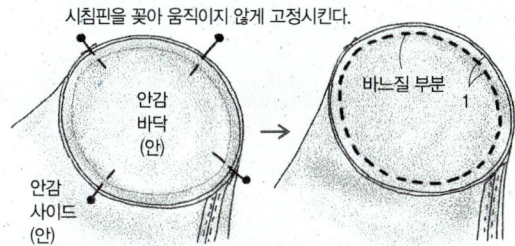

시침핀을 꽂아 움직이지 않게 고정시킨다.

안감
바닥
(안)

안감
사이드
(안)

바느질 부분
1

6 손잡이를 만든다.

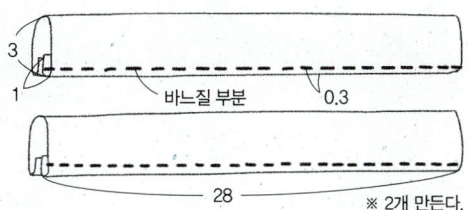

3
1
바느질 부분
0.3
28
※ 2개 만든다.

7 바깥 백의 입구 시접 부위에 손잡이를 임시로 단다.

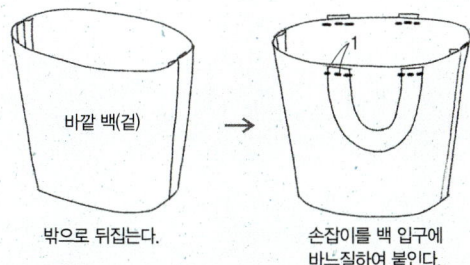

바깥 백(겉)

밖으로 뒤집는다.

1

손잡이를 백 입구에
바느질하여 붙인다.

8 바깥 백과 안쪽 백은 겉끼리 마주 닿게 중첩시켜 백 입구를
바느질한 다음 밖으로 뒤집는다.

바깥 백
(겉)

1

① 안으로
집어넣는다.

② 바느질 부분

안쪽 백
(안)

③ 창구멍을 통해
밖으로 뒤집는다.

9 모양을 정리한 뒤 백 입구의 1cm 아래에서 스티치를 한다.
손잡이도 반으로 접어 스티치를 한다.

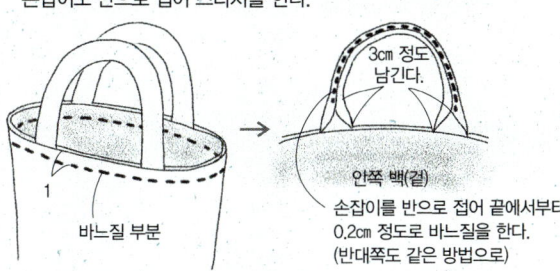

3cm 정도
남긴다.

안쪽 백(겉)

1

바느질 부분

손잡이를 반으로 접어 끝에서부터
0.2cm 정도로 바느질을 한다.
(반대쪽도 같은 방법으로)

10 백 입구에 핸드 스티치(자유롭게 하는 스트레이트 스티치)를 한다.

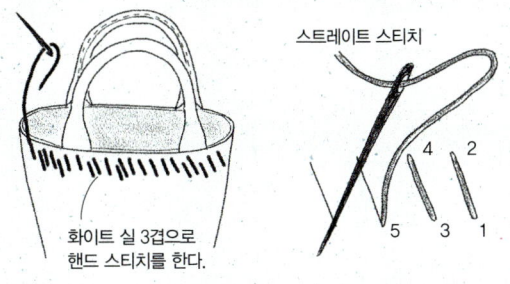

스트레이트 스티치

화이트 실 3겹으로
핸드 스티치를 한다.

4   2
5   3   1

11 코르사주의 꽃과 잎을 만들어 백에 붙인다.

(꽃)

폭 10cm, 폭 9cm의 망사에서 같은 모양으로 만든다.

① 잘라낸다.

①

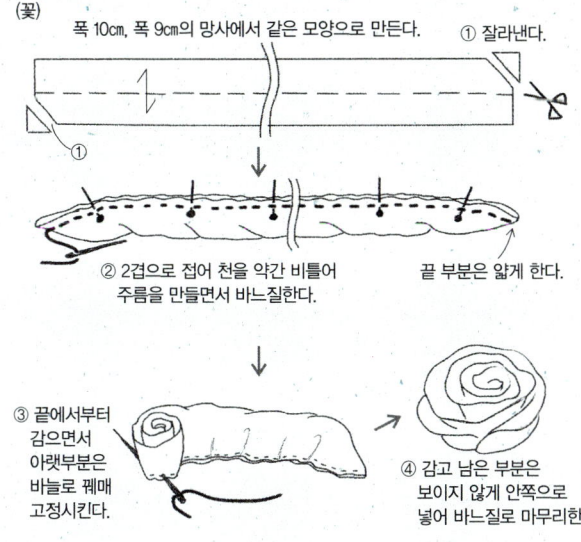

② 2겹으로 접어 천을 약간 비틀어
주름을 만들면서 바느질한다.

끝 부분은 얇게 한다.

③ 끝에서부터
감으면서
아랫부분은
바늘로 꿰매
고정시킨다.

④ 감고 남은 부분은
보이지 않게 안쪽으로
넣어 바느질로 마무리한다.

(잎)

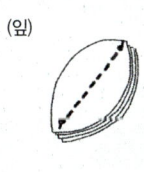

같은 모양을 4개 중첩시켜
중심 부위를 바느질한다.
큰 잎 2장, 작은 잎 2장을 만든다.

잎과 꽃을 백에 붙여
고정시킨다.

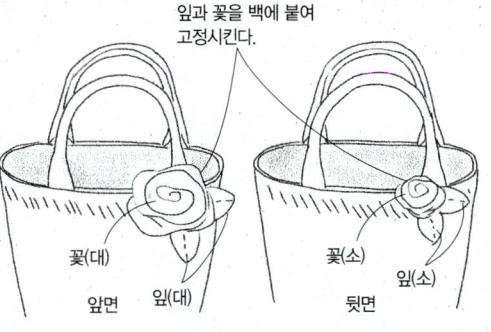

꽃(대)   꽃(소)
잎(대)   잎(소)
앞면   뒷면

Knit

토트백

page.41

재 료

실 | 백 : (리치모아 퍼센트) 로즈(114) 150g
　　　코르사주 : (리치모아 퍼센트)
　　　화이트(1) 10g, 겨자색(6), 그린(104),
　　　카키(11), 라이트 그린(13) 각 5g씩

바늘 | 코바늘 7호 · 4호, 대바늘 4호

완성 치수 | 높이 18.5㎝×백 입구
폭 27㎝(손잡이 제외)

게이지 | 바닥 지름 13㎝

이렇게 만드세요

1 로즈 실 2겹을 사용해 코바늘 7호로 백 본체와 손잡이를 뜬다.

2 코르사주를 뜨는데, 꽃잎은 대바늘 4호로, 꽃술과 줄기는
코바늘 4호로 뜬다.
꽃잎, 꽃술, 줄기를 모두 이어서 만든 꽃을 4개 준비한다.

3 백 입구에서 안쪽으로 손잡이를 부착하고, 코르사주를 달아
완성한다.

꽃술 ※ 코바늘 4호, 겨자색 실로 4단 뜬다.

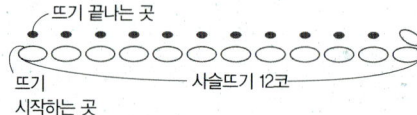

뜨기 끝나는 곳
뜨기 시작하는 곳
사슬뜨기 12코

★ 줄기는 꽃술과 같은 방법으로 사슬뜨기 콧수를
변경시켜 가며 뜬다. 그린은 28코, 라이트 그린은
25코로 각 1개씩, 카키는 32코로 2개 뜬다.

꽃(소) ※ 대바늘 4호, 화이트 실로 1개 뜬다.

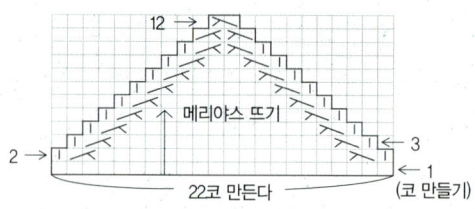

12
메리야스 뜨기
2
3
1
(코 만들기)
22코 만든다

손잡이 ※ 코바늘 7호, 로즈 실 2겹으로 4단 뜬다.

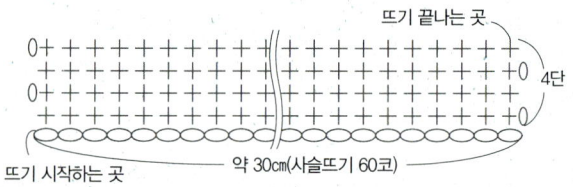

뜨기 끝나는 곳
4단
뜨기 시작하는 곳
약 30㎝(사슬뜨기 60코)

꽃(대) ※ 대바늘 4호, 화이트 실로 3개 뜬다.

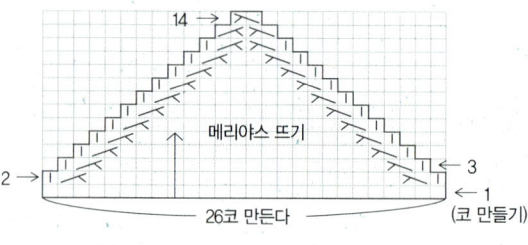

14
메리야스 뜨기
2
3
1
(코 만들기)
26코 만든다

손잡이와 코르사주 다는 법

(손잡이)

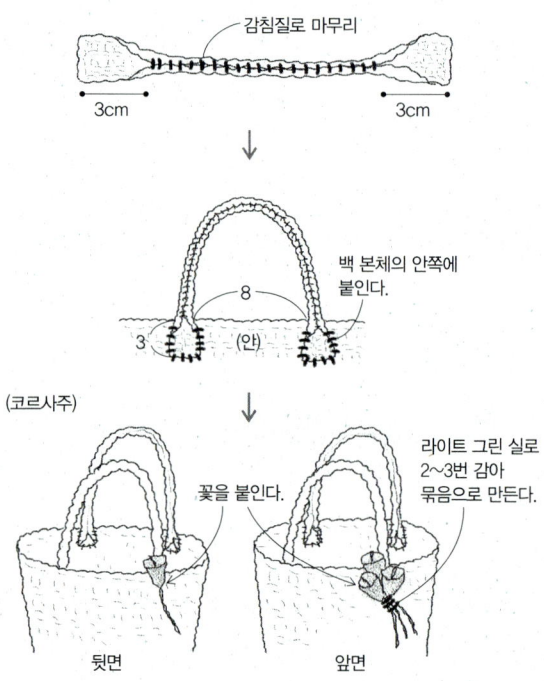

감침질로 마무리
3㎝　　　3㎝

8
(안)
3
백 본체의 안쪽에
붙인다.

(코르사주)
꽃을 붙인다.
라이트 그린 실로
2~3번 감아
묶음으로 만든다.

뒷면　　　앞면

코르사주를 마무리하는 법

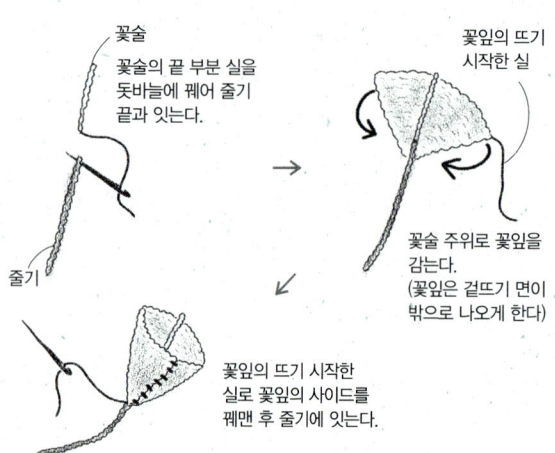

꽃술
꽃술의 끝 부분 실을
돗바늘에 꿰어 줄기
끝과 잇는다.

줄기

꽃잎의 뜨기
시작한 실

꽃술 주위로 꽃잎을
감는다.
(꽃잎은 겉뜨기 면이
밖으로 나오게 한다)

꽃잎의 뜨기 시작한
실로 꽃잎의 사이드를
꿰맨 후 줄기에 잇는다.

백 본체 ※ 코바늘 7호, 로즈 실 2겹으로 뜬다.

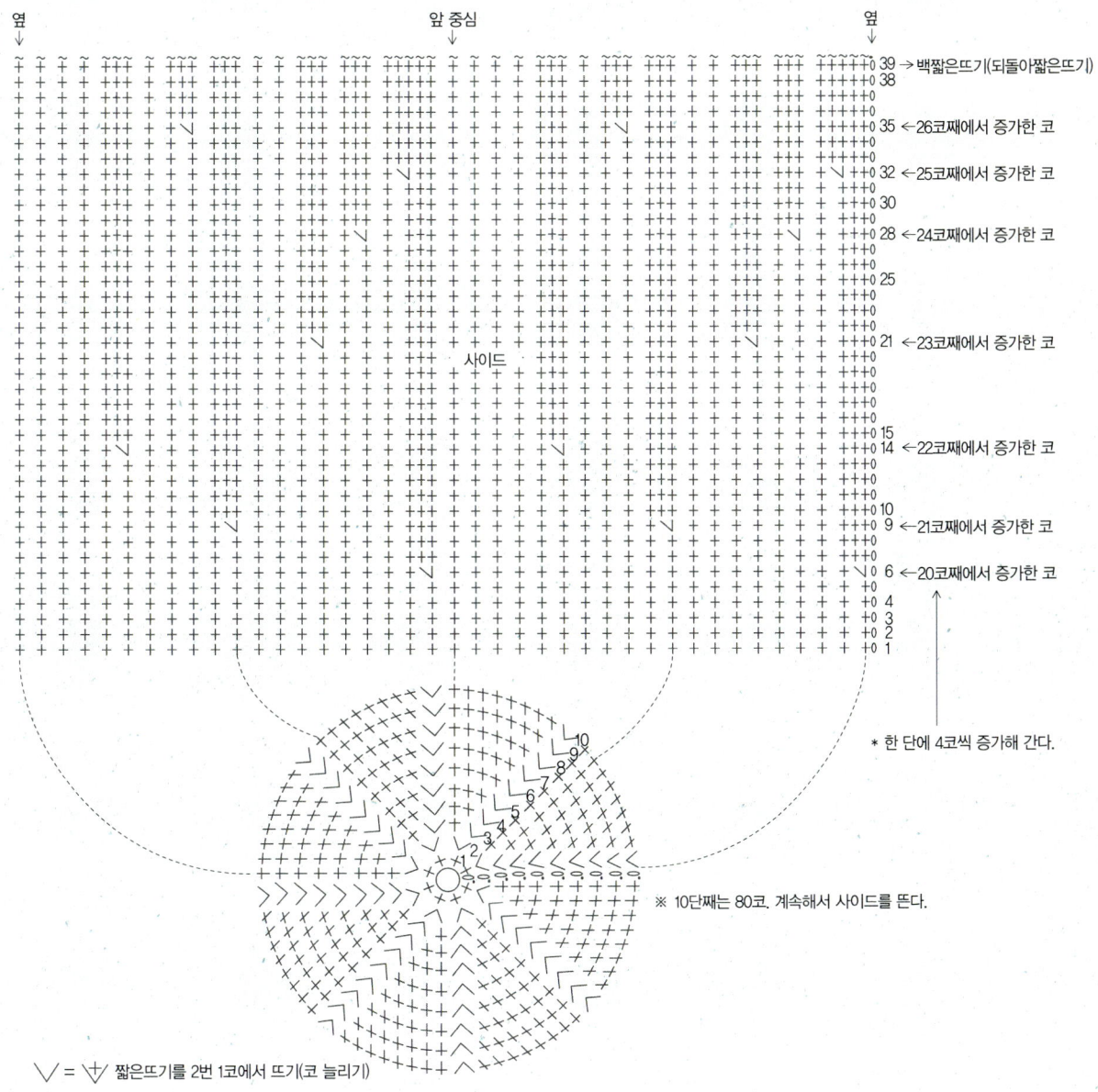

옆   앞 중심   옆

39 →백짧은뜨기(되돌아짧은뜨기)
38
35 ←26코째에서 증가한 코
32 ←25코째에서 증가한 코
30
28 ←24코째에서 증가한 코
25
21 ←23코째에서 증가한 코
15
14 ←22코째에서 증가한 코
10
9 ←21코째에서 증가한 코
6 ←20코째에서 증가한 코
4
3
2
1

사이드

* 한 단에 4코씩 증가해 간다.

※ 10단째는 80코. 계속해서 사이드를 뜬다.

∨ = ⊽ 짧은뜨기를 2번 1코에서 뜨기(코 늘리기)

콧수와 승가 코

	단	콧수	증가 방법
	10	80	
	9	72	
	8	64	
	7	56	
바닥	6	48	매단 8코 증가
	5	40	
	4	32	
	3	24	
	2	16	
	1	8	

	단	콧수	증가 방법
	36~39	108	증가 코 없음
	35	108	4코 증가
	33~34	104	증가 코 없음
사이드	32	104	4코 증가
	29~31	100	증가 코 없음
	28	100	4코 증가
	22~27	96	증가 코 없음

	단	콧수	증가 방법
	21	96	4코 증가
	15~20	92	증가 코 없음
	14	92	4코 증가
사이드	10~13	88	증가 코 없음
	9	88	4코 증가
	7~8	84	증가 코 없음
	6	84	4코 증가
	1~5	80	증가 코 없음

Fabric

할머니 스타일 레트로 백

재 료

겉감 | 코튼 프린트(꽃무늬) 40×40cm
안감 | 깅엄체크(레드) 40×40cm
기타 | 손잡이용 능직 테이프(레드) 폭 2.5×92cm
테이프 타입의 접착심 폭 2×32cm

page.42
완성 치수 | 높이 18cm×폭 24cm

재단하는 법 ※ 겉감·안감 공통

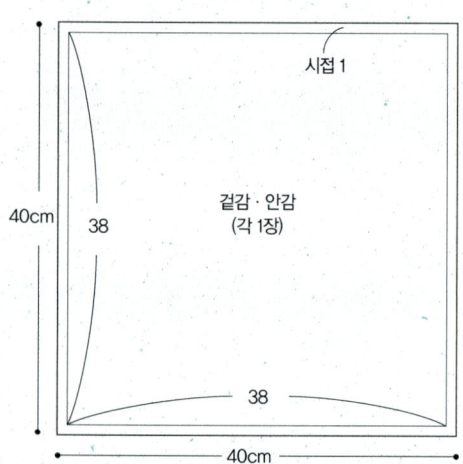

1 겉감과 안감은 안끼리 맞닿게 포개고, 가장자리를 바느질하여 고정시킨다.

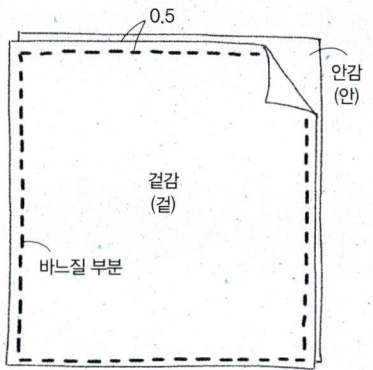

2 아래위 천의 시접에 듬성듬성 거칠게 바느질을 한 뒤 실을 잡아당겨 주름을 만든다.

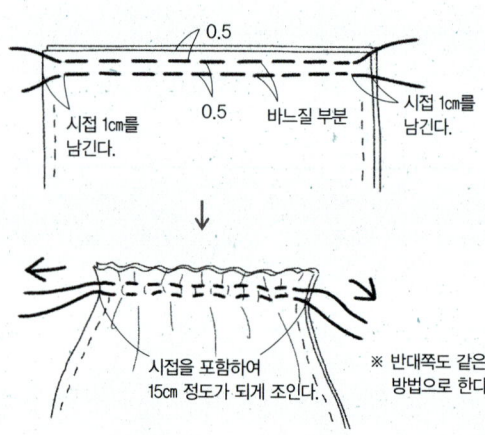

3 능직 테이프를 15cm 2개와 62cm로 자른다.

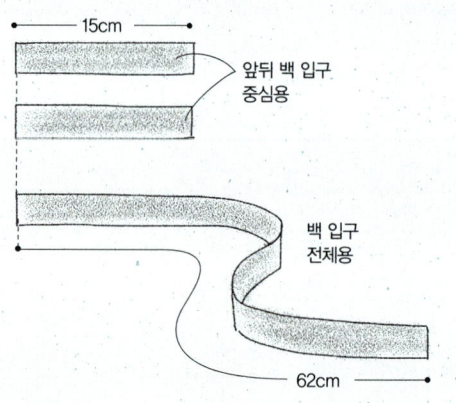

104

4 2의 시접에 15cm 능직 테이프를 덮어씌우고 가장자리를 바느질하여 시접 부위를 감싼다(반대쪽도 같은 방법으로).

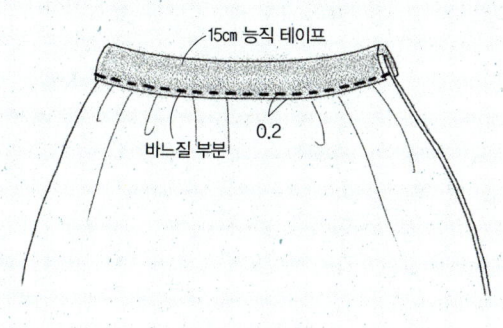

15cm 능직 테이프

바느질 부분

0.2

5 좌우의 양옆을 2와 마찬가지로 듬성듬성 거칠게 바느질을 한 뒤 실을 잡아당겨 주름을 만든다.

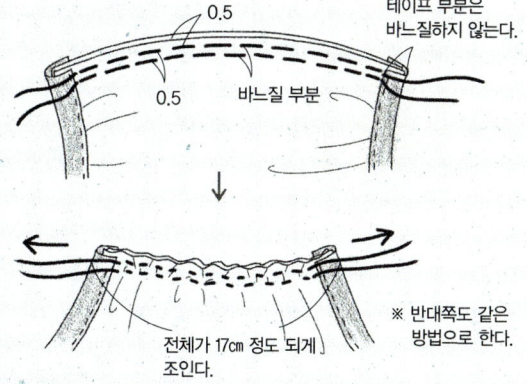

0.5

테이프 부분은 바느질하지 않는다.

0.5 바느질 부분

전체가 17cm 정도 되게 조인다.

※ 반대쪽도 같은 방법으로 한다.

6 62cm의 능직 테이프에 표시를 하여 테이프 심을 붙인다. 테이프를 겉끼리 맞닿게 2겹으로 접어 옆을 바느질하여 원 모양으로 만든다.

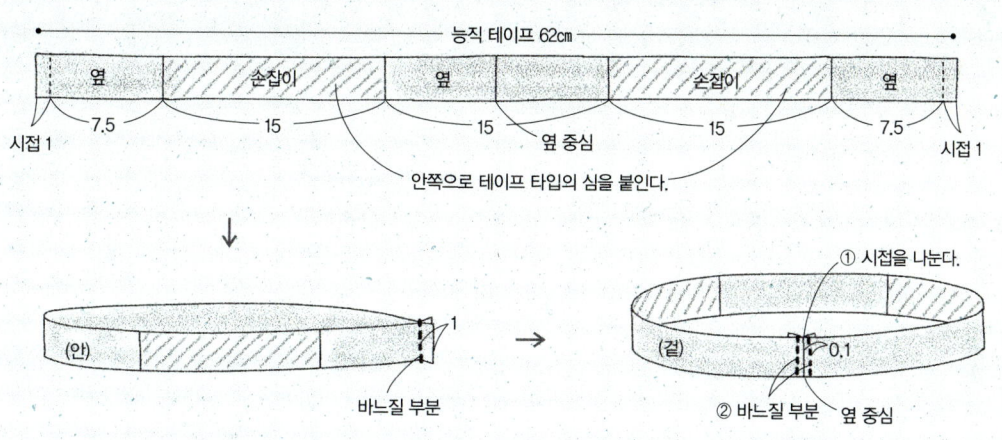

능직 테이프 62cm

옆 손잡이 옆 손잡이 옆

시접 1 7.5 15 15 옆 중심 15 7.5 시접 1

안쪽으로 테이프 타입의 심을 붙인다.

(안) 1 바느질 부분

① 시접을 나눈다. (겉) 0.1 ② 바느질 부분 옆 중심

7 6의 능직 테이프를 5의 좌우 양옆에 덮어씌우고 시침핀을 꽂아 고정시킨다. 손잡이 부분은 2겹으로 접어 시침핀으로 눌러서 고정시킨다.

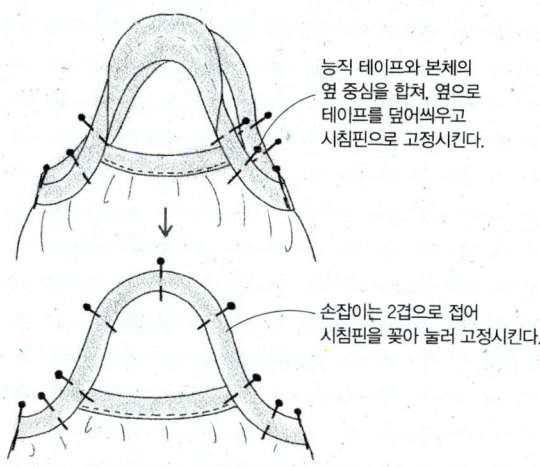

능직 테이프와 본체의 옆 중심을 합쳐, 옆으로 테이프를 덮어씌우고 시침핀으로 고정시킨다.

손잡이는 2겹으로 접어 시침핀을 꽂아 눌러 고정시킨다.

8 능직 테이프의 가장자리를 따라 바느질을 한다.

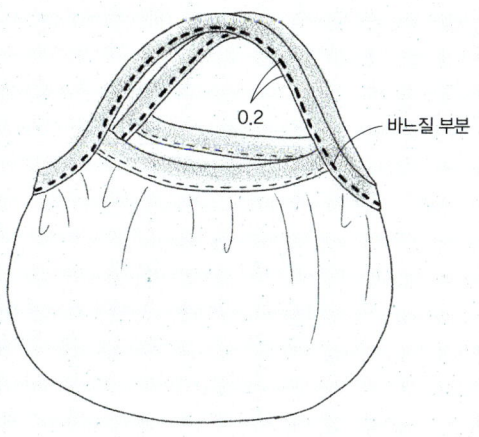

0.2

바느질 부분

Knit

할머니 스타일 레트로 백

page.43
완성 치수 | 높이 18cm×폭 24cm
게이지 | 모티브 1장 6×6cm

재료

실 | (리치모아 퍼센트) 머스터드(14) 50g,
민트(35) 30g, 로즈(114) 30g
바늘 | 코바늘 5호(본체), 4호(손잡이)

이렇게 만드세요

1 배색표를 참고하여 모티브를 총 36개 뜬다. 2장째부터는
4단(최종 단)에서 옆의 모티브에 빼뜨기로 떠나가면서 잇는다.

2 1의 한 변에서부터 짧은뜨기로 37코를 줍고, 짧은뜨기로 5단을
뜬다. 뜨기가 끝나는 곳에서 계속해서 사슬뜨기로 39코를 떠서
반대쪽 끝에 빼뜨기로 붙여서 고정시킨다.

3 2와 마주보는 변도 2와 같은 방법으로 뜬다.

4 백 입구의 한쪽 옆에서부터 시작하여(사슬뜨기 39코 포함)
1바퀴 돌아 짧은뜨기로 168코를 줍고, 짧은뜨기로 5단을 뜬다.

모티브

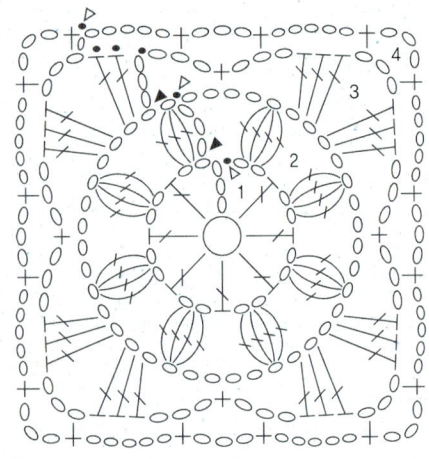

▷ 실을 자른다.　▶ 실을 잇는다.

모티브 배색표

단	색깔
3~4	머스터드(14)
2	민트(35)
1	로즈(114)

백 입구 뜨는 법 ※ 모두 로즈 실로 뜬다.

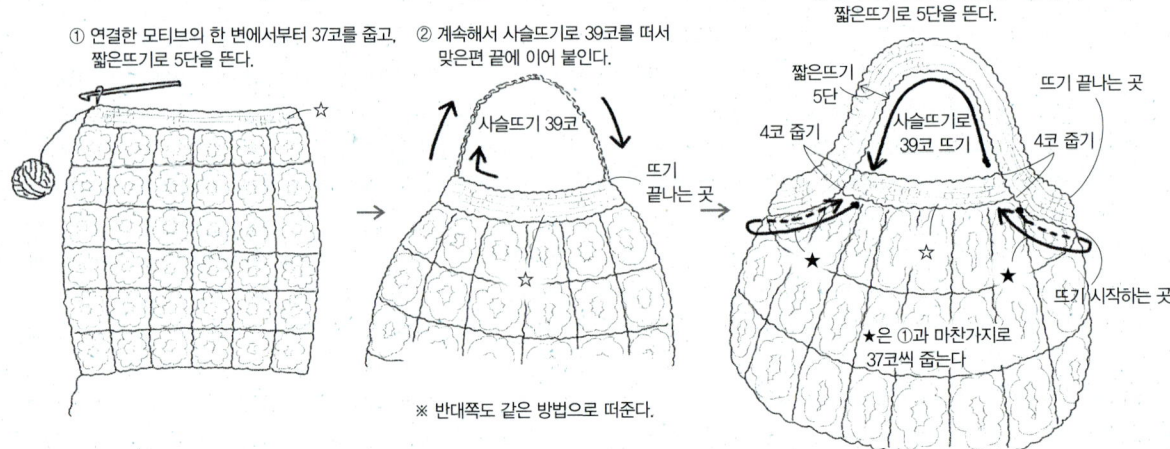

① 연결한 모티브의 한 변에서부터 37코를 줍고,
짧은뜨기로 5단을 뜬다.

② 계속해서 사슬뜨기로 39코를 떠서
맞은편 끝에 이어 붙인다.

사슬뜨기 39코

뜨기
끝나는 곳

※ 반대쪽도 같은 방법으로 떠준다.

③ 옆에서부터 한 바퀴 돌아 코를 줍고(168코),
짧은뜨기로 5단을 뜬다.

짧은뜨기
5단

뜨기 끝나는 곳

4코 줍기

사슬뜨기로
39코 뜨기

4코 줍기

뜨기 시작하는 곳

★은 ①과 마찬가지로
37코씩 줍는다

본체

△ = △ 짧은뜨기 2코를 한 번에 모아 뜨기(코 줄이기)

연결한 모티브에서 짧은뜨기로 37코를 줍고, 백 입구를 뜬다.

5단을 뜬다.

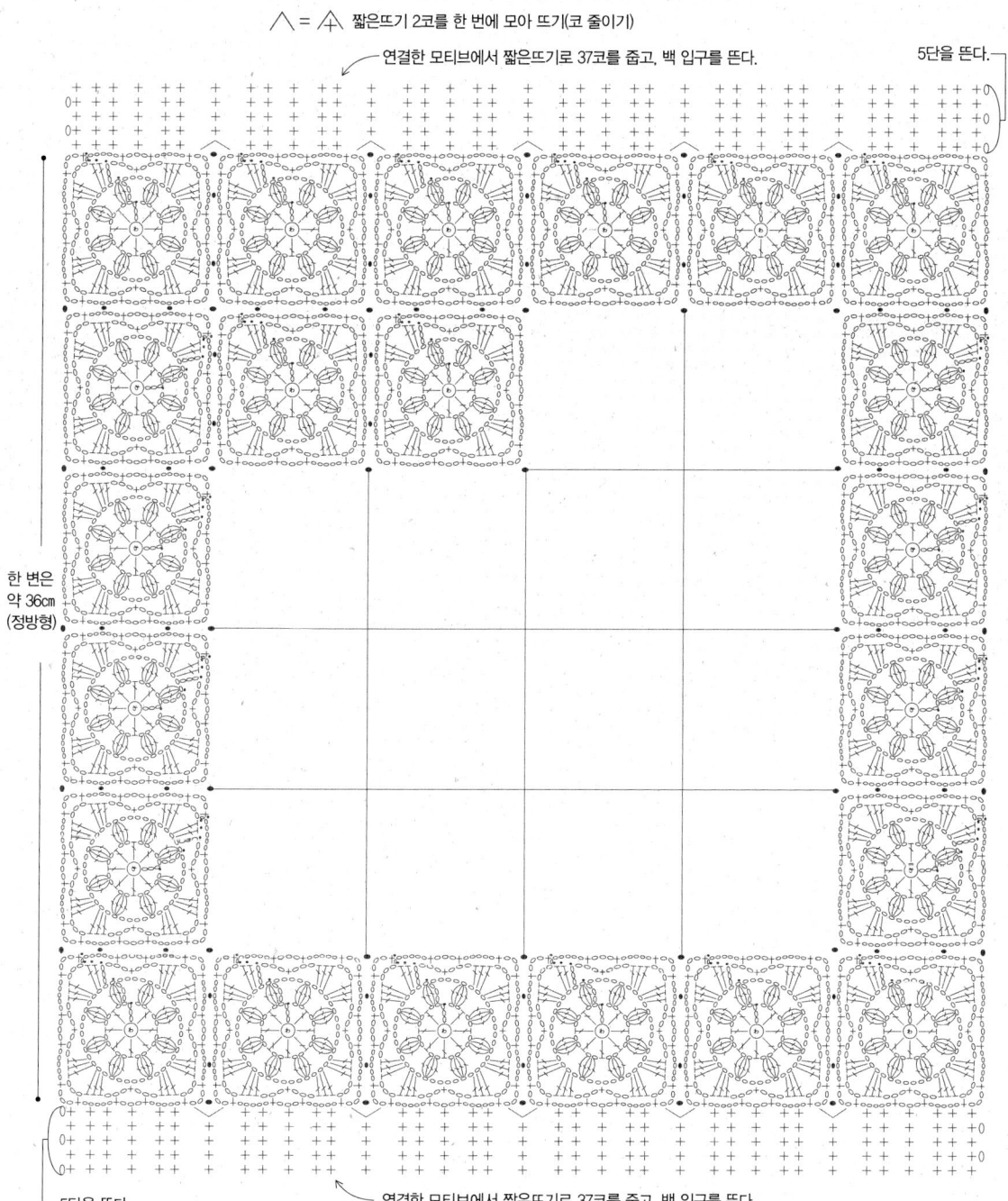

한 변은
약 36cm
(정방형)

5단을 뜬다.

연결한 모티브에서 짧은뜨기로 37코를 줍고, 백 입구를 뜬다.

Fabric

요요 모티브 파우치

재 료

파우치 본체 | 코튼 꽃무늬 프린트 25×65cm 1장
요요 퀼트(대) | 코튼 프린트(기호에 따라 선택) 10×10cm 67개
요요 퀼트(소) | 코튼 프린트(기호에 따라 선택) 7.5×7.5cm 4개
기타 | 끈(레드) 지름 2mm×50cm 2개, 골판지 18×18cm, 수예용 본드

page.44
완성 치수 | 바닥 지름 14cm×높이 17cm

재단하는 법(파우치 본체) ※ 실물본은 p.142 참조

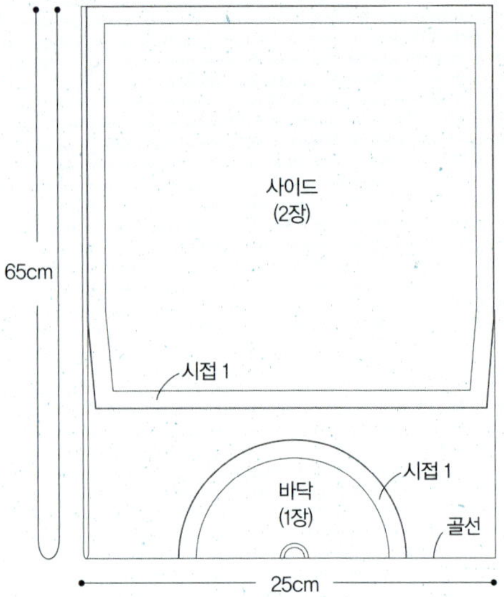

사이드
(2장)

65cm

시접 1

바닥
(1장)

시접 1

골선

25cm

재단용(지름 7.5cm)

실제 사용분
(지름 6cm)

요요 퀼트 50% 축소본
※ 200% 확대하여 사용

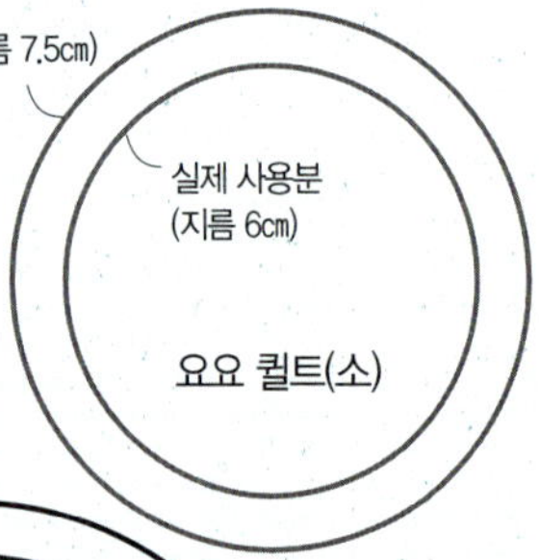

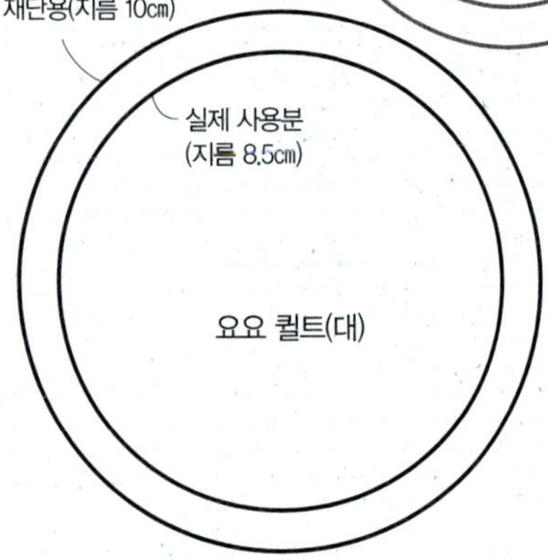

요요 퀼트(소)

재단용(지름 10cm)

실제 사용분
(지름 8.5cm)

요요 퀼트(대)

1 요요 퀼트(대) 67개, 퀼트(소) 4개를 만든다.

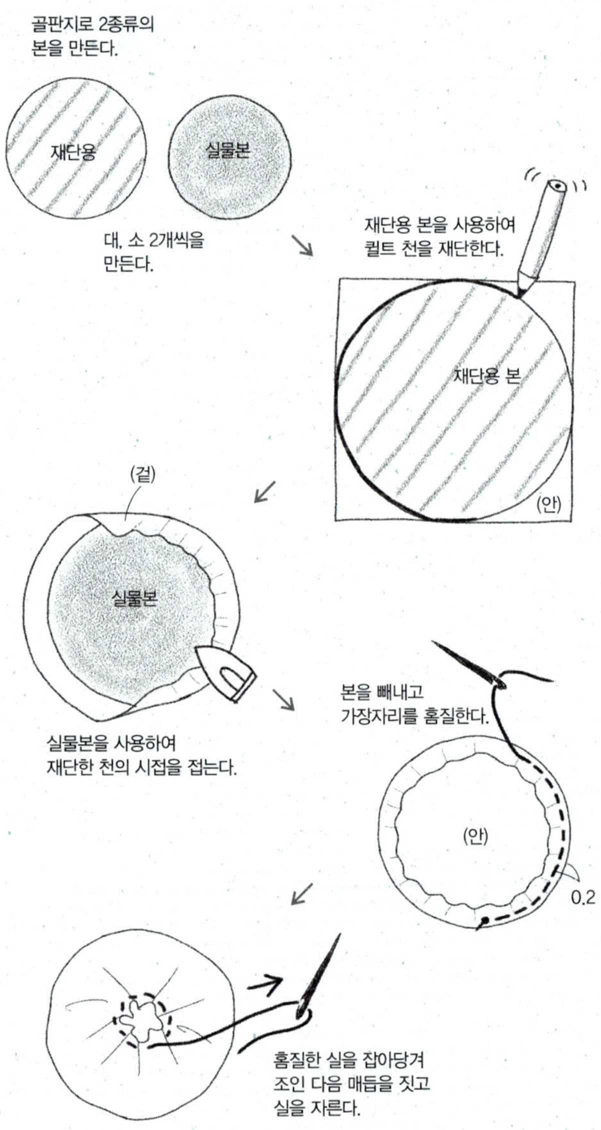

골판지로 2종류의
본을 만든다.

재단용   실물본

대, 소 2개씩을
만든다.

재단용 본을 사용하여
퀼트 천을 재단한다.

재단용 본

(안)

(겉)

실물본

실물본을 사용하여
재단한 천의 시접을 접는다.

본을 빼내고
가장자리를 홈질한다.

(안)

0.2

홈질한 실을 잡아당겨
조인 다음 매듭을 짓고
실을 자른다.

108

2 퀼트(대) 31개를 연결하여 파우치 바닥을 만든다.

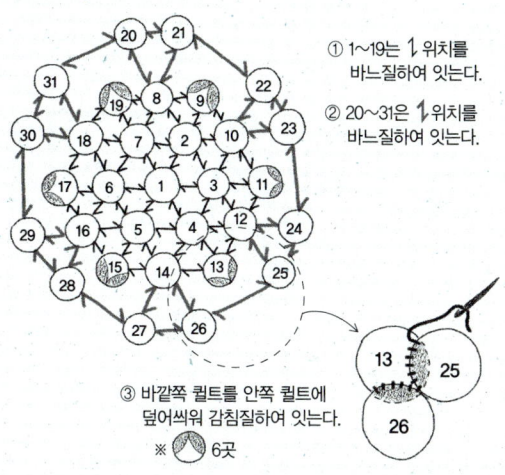

① 1~19는 ↑위치를 바느질하여 잇는다.

② 20~31은 ↑위치를 바느질하여 잇는다.

③ 바깥쪽 퀼트를 안쪽 퀼트에 덮어씌워 감침질하여 잇는다.
※ 6곳

3 파우치 본체를 만든다.

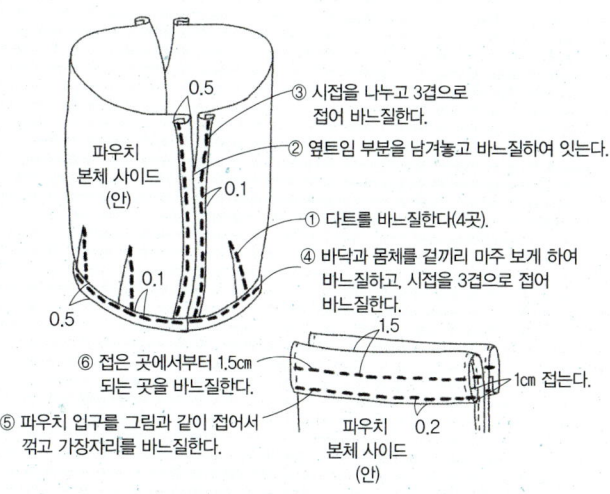

파우치 본체 사이드 (안)

③ 시접을 나누고 3겹으로 접어 바느질한다.

② 옆트임 부분을 남겨놓고 바느질하여 잇는다.

① 다트를 바느질한다(4곳).

④ 바닥과 몸체를 겉끼리 마주 보게 하여 바느질하고, 시접을 3겹으로 접어 바느질한다.

⑥ 접은 곳에서부터 1.5cm 되는 곳을 바느질한다.

⑤ 파우치 입구를 그림과 같이 접어서 꺾고 가장자리를 바느질한다.

1cm 접는다.

파우치 본체 사이드 (안)

4 파우치 본체를 2에 끼우고, 바닥의 퀼트로 울지 않게 감싼 뒤 바느질하여 고정시킨다.

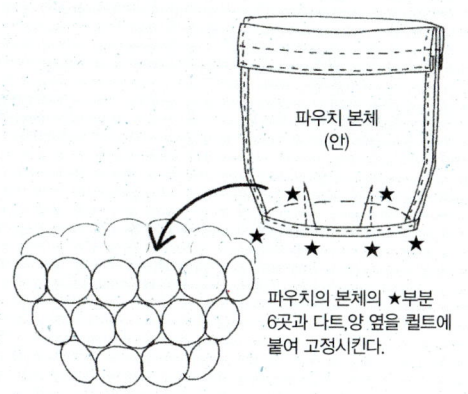

파우치 본체 (안)

파우치의 본체의 ★부분 6곳과 다트, 양 옆을 퀼트에 붙여 고정시킨다.

5 퀼트(대) 12개를 1줄로 연결한 벨트를 3개 만들어 4에 둘러준 다음 바느질하여 고정시킨다.

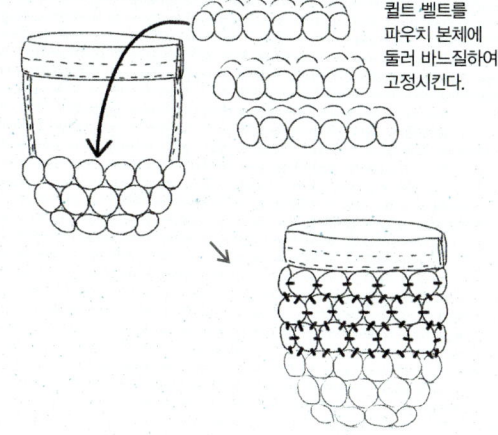

퀼트 벨트를 파우치 본체에 둘러 바느질하여 고정시킨다.

6 파우치 본체 입구의 1.5cm 아래 스티치한 곳까지 퀼트 상단을 맞닿게 한 다음, 본체에 바느질하여 붙인다.

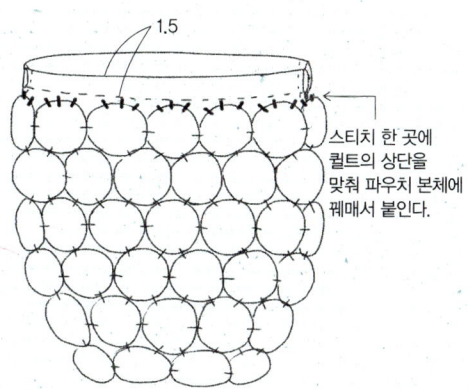

1.5

스티치 한 곳에 퀼트의 상단을 맞춰 파우치 본체에 꿰매서 붙인다.

7 파우치 입구에 끈을 통과시키고 끈의 양 끝에 퀼트(소)를 2개씩 단다.

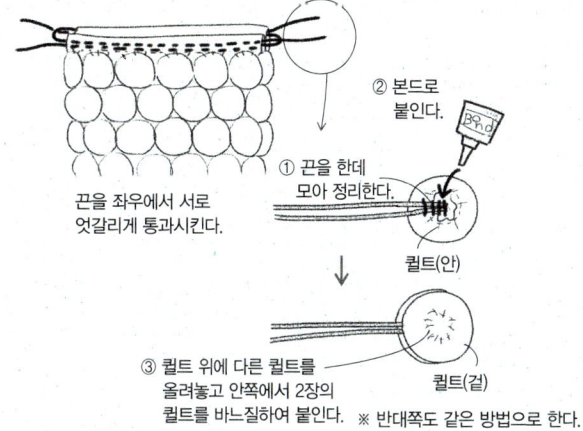

② 본드로 붙인다.

① 끈을 한데 모아 정리한다.

끈을 좌우에서 서로 엇갈리게 통과시킨다.

퀼트(안)

③ 퀼트 위에 다른 퀼트를 올려놓고 안쪽에서 2장의 퀼트를 바느질하여 붙인다.

퀼트(겉)

※ 반대쪽도 같은 방법으로 한다.

Knit

요요 모티브 파우치

page.45

완성 치수 | 바닥 지름 14cm×높이 15cm
게이지 | 모티브 1개 지름 3.5cm

재 료

실 | (리치모아 퍼센트),
(하마나카 핏코로)
※ 색상은 모티브 배색표 참조

바늘 | 코바늘 5호

이렇게 만드세요

1 배색표와 배치도를 참조하여 모티브 67개를 이어 떠서
파우치 본체를 만든다.
2 파우치 전체를 안으로 뒤집는다(안쪽 면을 밖으로 나오게 한다).
3 파우치 입구에 가장자리뜨기를 한다.
4 끈을 2개 뜨고, 방울을 2개 만든다.
5 2개의 끈을 서로 엇갈리게 파우치 입구에 통과시킨다.
끈의 끝을 합쳐 마무리하고 각각 방울을 단다.

모티브

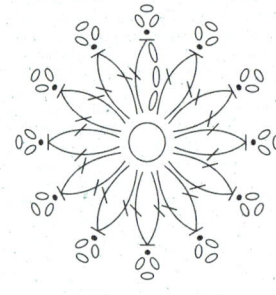

모티브 배치도 ※ 뜨기를 할 때의 상태

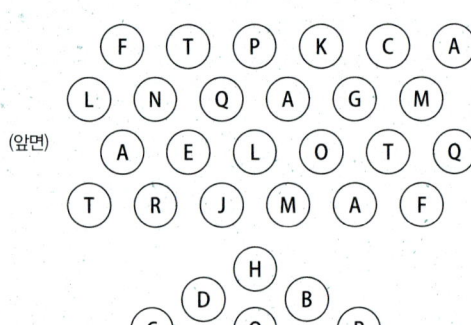

모티브 배색표

※ A~S는 모두 (리치모아 퍼센트) 실을 사용

	사용 색	개수	사용량
A	레드(73) ※가장자리뜨기 포함	8	15g
B	핑크(79)	3	3g
C	새먼(79)	2	2g
D	로즈(114)	2	2g
E	오프화이트(3)	4	4g
F	크림색(4)	3	3g
G	머스터드(14)	3	3g
H	겨자색(6)	3	3g
I	베이지(85)	2	2g
J	벽돌색(87)	2	2g
K	초콜릿(9)	3	3g
L	오렌지(86)	4	4g
M	민트(35)	5	5g
N	아쿠아마린(25)	2	2g
O	블루(110)	4	4g
P	보라(60)	3	3g
Q	엷은 민트(23)	3	3g
R	그린(33)	4	4g
S	카키(13)	2	2g
T	(하마나카 핏코로) 진한 핑크(22) ※끈 포함	5	15g

끈 만드는 법

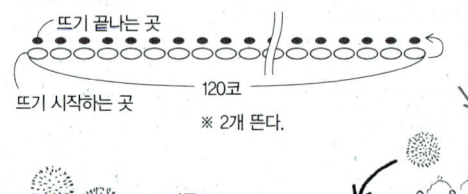

뜨기 끝나는 곳
120코
뜨기 시작하는 곳
※ 2개 뜬다.

지름 2.5cm,
60회 감기
방울 2개 만들기

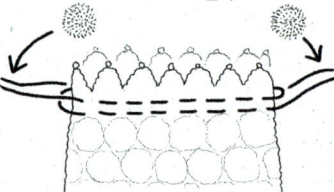

가장자리뜨기에 끈을
통과시킨 뒤 끈의 끝을
합쳐 정리하고 방울을
단다.

모티브 본체 ※ 사이드 뒷면은 배치도를 참조하여 앞면과 같은 방법으로 뜬다.

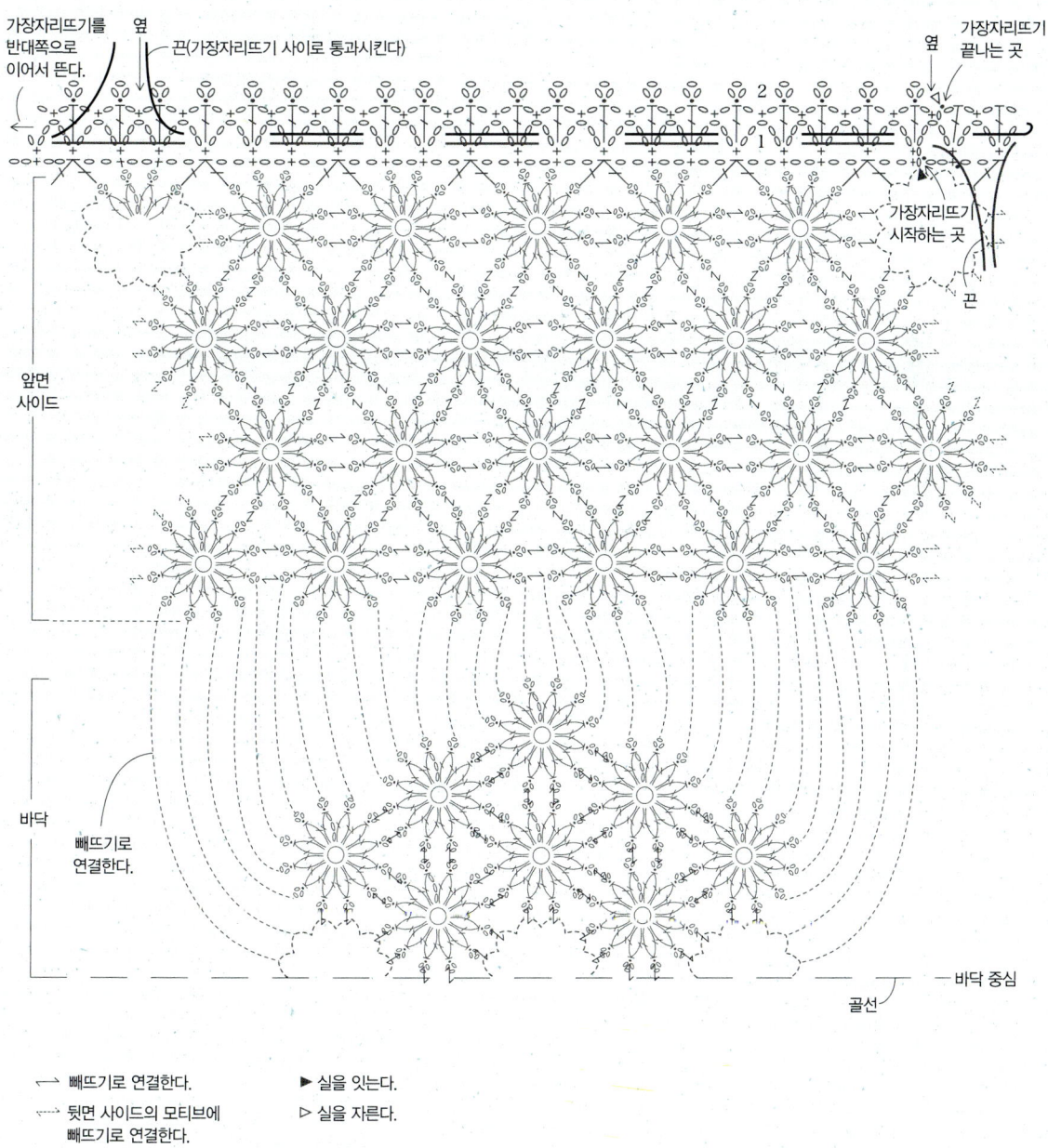

가장자리뜨기를
반대쪽으로
이어서 뜬다.

옆

끈(가장자리뜨기 사이로 통과시킨다)

옆

가장자리뜨기
끝나는 곳

가장자리뜨기
시작하는 곳

끈

앞면
사이드

바닥

빼뜨기로
연결한다.

바닥 중심

골선

⟶ 빼뜨기로 연결한다.   ▶ 실을 잇는다.

⤑ 뒷면 사이드의 모티브에   ▷ 실을 자른다.
    빼뜨기로 연결한다.

Fabric

page.46

싸개 단추

재 료

싸개 단추(대) | 코튼 프린트(기호대로 선택) 6×6cm 적당량
싸개 단추(소) | 코튼 프린트(기호대로 선택) 5×5cm 적당량
기타 | 시판하는 싸개 단추 키트, 지름 22㎜용과 지름 27㎜용, 골판지 5×10cm

1 골판지로 본을 만들어 천을 재단한다.

본

자른다.

2 홀더에 천, 싸개 단추 키트의 윗단추를
올려놓고 누름봉으로 눌러 끼운다.

② 누름봉으로 누른다.

윗단추

누름봉
(구멍을 위로)

천(안)

① 홀더→ 천→ 윗단추를
중첩시킨 것이 한 세트

홀더

실물본 ※ 골판지로 만든다.

지름 27㎜용

지름 22㎜용

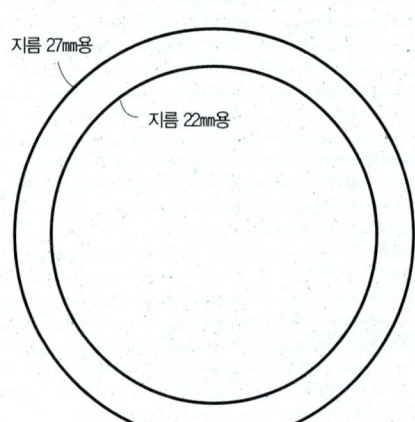

3 천의 가장자리를 안으로 접고 싸개 단추
키트의 아랫단추를 올린 후 누름봉으로
눌러 끼워 고정시킨다.

천을 정리할 때
필요한 송곳

아랫단추

누름봉의 구멍을
아래로 하여 단추를
눌러 끼운다.

4 단추에서 홀더를 빼내면 싸개 단추가 완성!

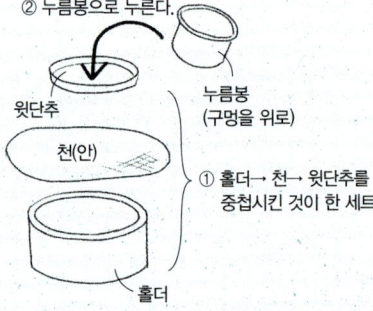

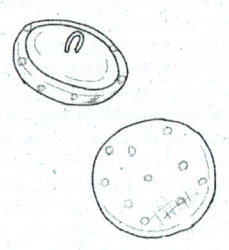

자수 도안

※ 실은 모두 1겹으로, A~I는 베이스(대), J~N은 베이스(소)

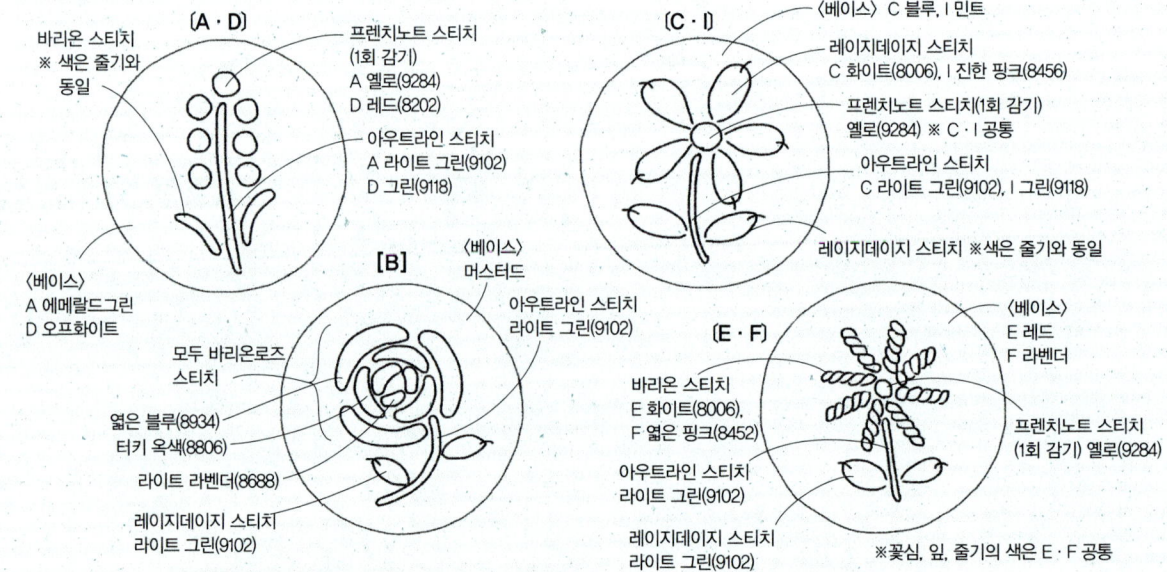

〈A · D〉

바리온 스티치
※ 색은 줄기와
동일

프렌치노트 스티치
(1회 감기)
A 옐로(9284)
D 레드(8202)

아웃트라인 스티치
A 라이트 그린(9102)
D 그린(9118)

〈베이스〉
A 에메랄드그린
D 오프화이트

[B]

〈베이스〉
머스터드

아웃트라인 스티치
라이트 그린(9102)

모두 바리온로즈
스티치

옅은 블루(8934)
터키 옥색(8806)
라이트 라벤더(8688)

레이지데이지 스티치
라이트 그린(9102)

〈C · I〉

〈베이스〉 C 블루, I 민트

레이지데이지 스티치
C 화이트(8006), I 진한 핑크(8456)

프렌치노트 스티치(1회 감기)
옐로(9284) ※ C · I 공통

아웃트라인 스티치
C 라이트 그린(9102), I 그린(9118)

레이지데이지 스티치 ※색은 줄기와 동일

〈E · F〉

바리온 스티치
E 화이트(8006),
F 옅은 핑크(8452)

아웃트라인 스티치
라이트 그린(9102)

레이지데이지 스티치
라이트 그린(9102)

〈베이스〉
E 레드
F 라벤더

프렌치노트 스티치
(1회 감기) 옐로(9284)

※꽃심, 잎, 줄기의 색은 E · F 공통

싸개 단추

재료

실 | (하마나카 핏코로) 블루(13), 엷은 블루(23), 물색(12), 레드(6),
핑크(5), 머스터드(27) 약간씩
(리치모아 퍼센트) 오프화이트(3), 에메랄드그린(34), 라벤더(53),
오렌지(86), 민트(35) 약간씩
자수 실 | (앵커 타피세리) ※ 자수 도안 참조
기타 | 시판하는 싸개 단추 키트, 지름 22㎜용과 지름 27㎜용
바늘 | 코바늘 3호, 울 자수바늘

이렇게 만드세요

1 싸개 단추의 베이스를 뜬다.
2 베이스에 수를 놓는다.
3 천으로 싸개 단추 만드는 법과 같이
단추를 만든다(왼쪽 페이지 참조).

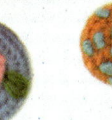

page.47
완성 치수 |
단추 (대) 지름 3.5㎝, (소) 지름 2.7㎝

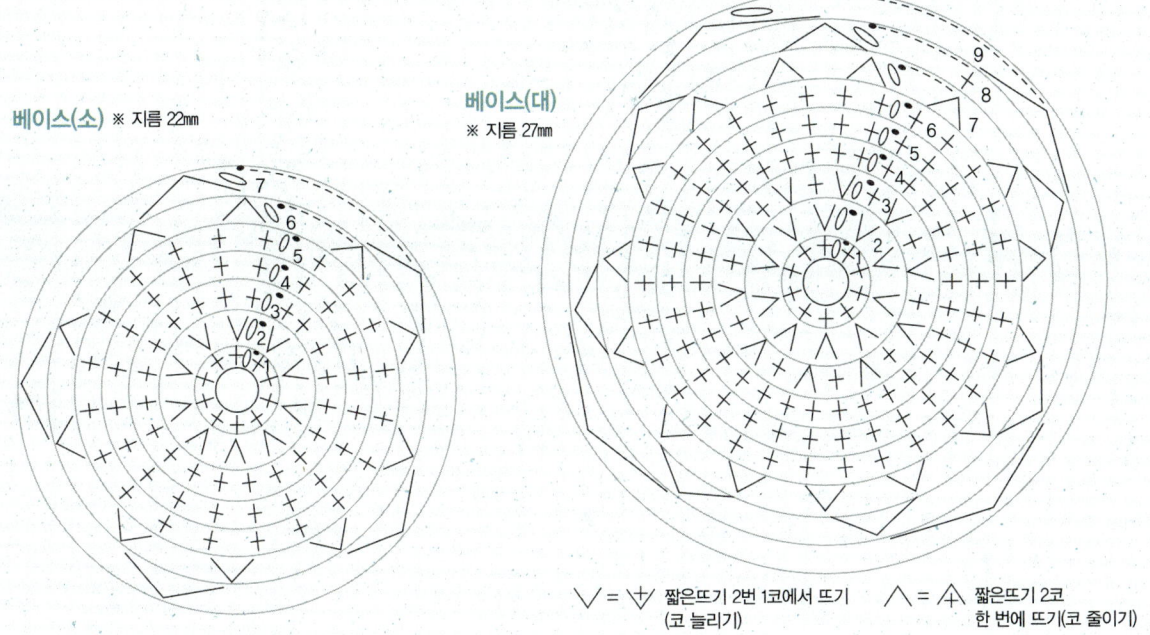

베이스(소) ※ 지름 22㎜

베이스(대) ※ 지름 27㎜

∨ = ⊽ 짧은뜨기 2번 1코에서 뜨기
(코 늘리기)

∧ = ⋀ 짧은뜨기 2코
한 번에 뜨기(코 줄이기)

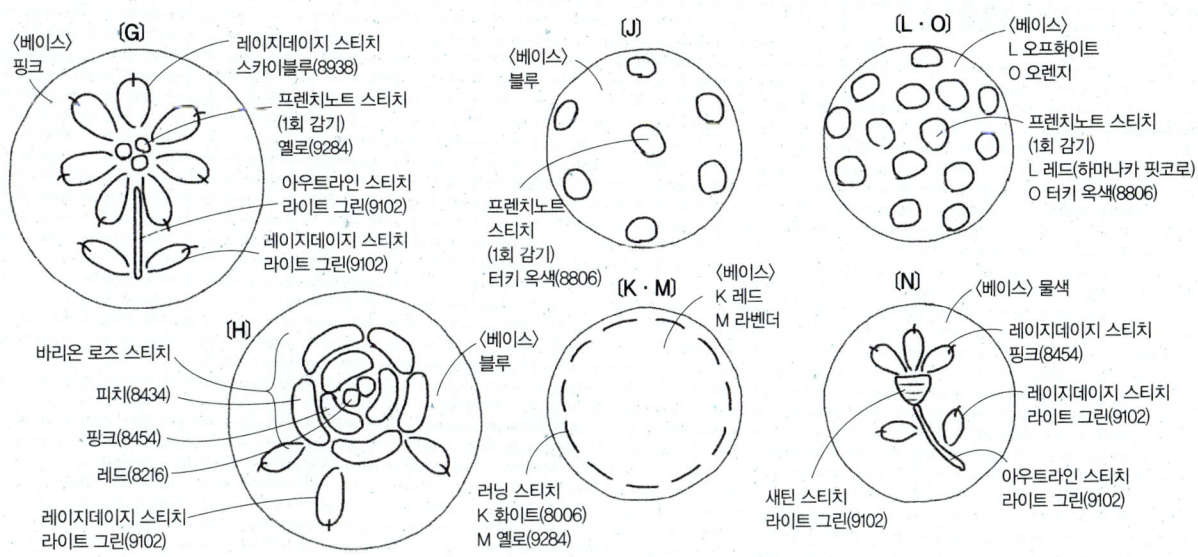

〈베이스〉
핑크

(G)

레이지데이지 스티치
스카이블루(8938)

프렌치노트 스티치
(1회 감기)
옐로(9284)

아웃라인 스티치
라이트 그린(9102)

레이지데이지 스티치
라이트 그린(9102)

(H)

바리온 로즈 스티치

피치(8434)

핑크(8454)

레드(8216)

레이지데이지 스티치
라이트 그린(9102)

〈베이스〉
블루

(J)

〈베이스〉
블루

프렌치노트
스티치
(1회 감기)
터키 옥색(8806)

(K·M)

러닝 스티치
K 화이트(8006)
M 옐로(9284)

〈베이스〉
K 레드
M 라벤더

(L·O)

〈베이스〉
L 오프화이트
O 오렌지

프렌치노트 스티치
(1회 감기)
L 레드(하마나카 핏코로)
O 터키 옥색(8806)

(N)

〈베이스〉 물색

레이지데이지 스티치
핑크(8454)

레이지데이지 스티치
라이트 그린(9102)

아웃라인 스티치
라이트 그린(9102)

새틴 스티치
라이트 그린(9102)

Fabric

page.52
완성 치수 |
폭 7cm × 길이 12cm × 높이 6.5cm

고슴도치 핀 쿠션

재 료

몸체 | 페이크 퍼(카키) 11.5×14.5cm
얼굴(코 · 눈 · 귀) | 펠트(베이지) 12×10cm, 펠트(블랙) 약간, 코튼 거즈(다크 브라운) 3.5×7cm
기타 | 솜 10g, 플라스틱판 4×6cm, 수예용 본드

실물본

―――― 완성선
―――― 시접선

몸체
페이크 퍼
(1장)

눈
블랙 펠트
(2장)

밑판
플라스틱판
(1장)

코
코튼 거즈
(2장)

얼굴
베이지 펠트
(6장)

귀
베이지 펠트
(4장)

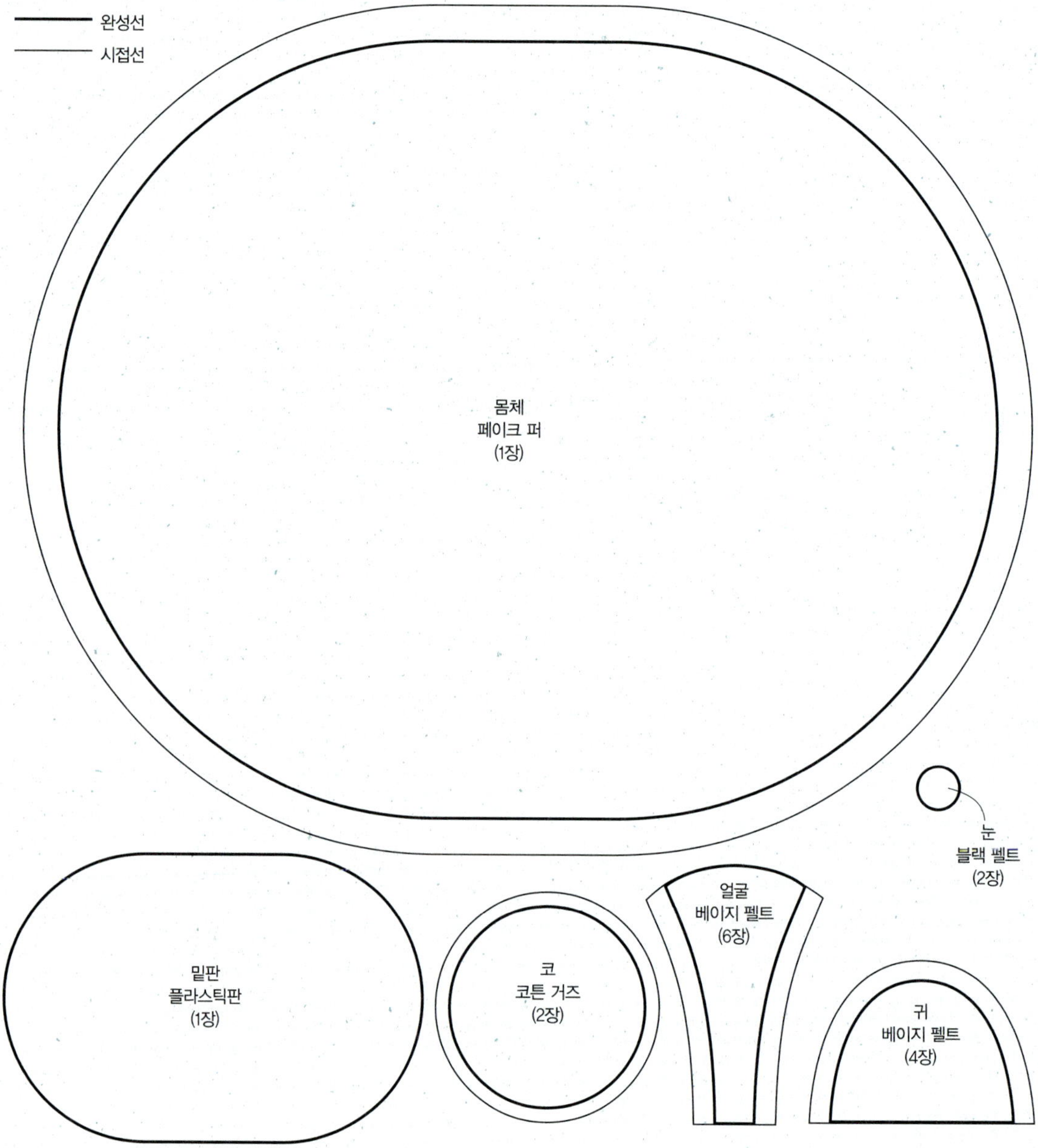

1 몸체의 완성선을 홈질한 뒤 솜을 넣어 잡아당긴다. 시접은 안으로 접어 넣고 입구를 감침질하여 꿰맨다.

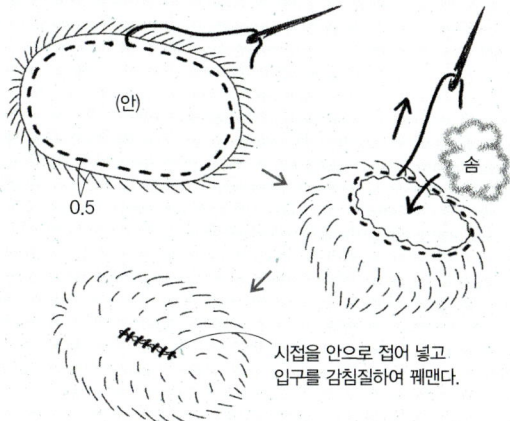

(안)

0.5

솜

시접을 안으로 접어 넣고 입구를 감침질하여 꿰맨다.

2 얼굴용 펠트 6장을 서로 이어 꿰매고, 안에 솜을 넣는다.

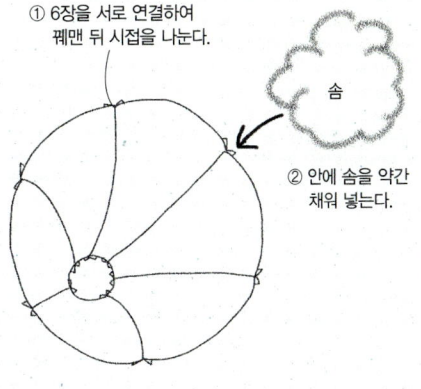

① 6장을 서로 연결하여 꿰맨 뒤 시접을 나눈다.

솜

② 안에 솜을 약간 채워 넣는다.

3 코에 사용할 천의 완성선을 홈질한 뒤 솜을 넣고 잡아당긴다. 그다음 2의 원통 안에 넣고 감침질하여 고정시킨다.

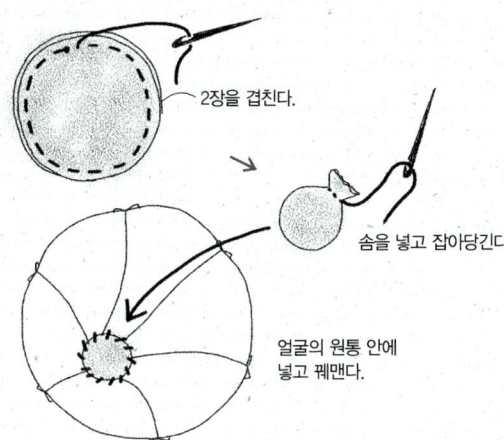

2장을 겹친다.

솜을 넣고 잡아당긴다.

얼굴의 원통 안에 넣고 꿰맨다.

4 귀에 사용할 펠트를 2장씩 포개 바느질한 후 밖으로 뒤집는다. 모양을 살려가면서 얼굴 가장자리에 꿰매 붙인다.

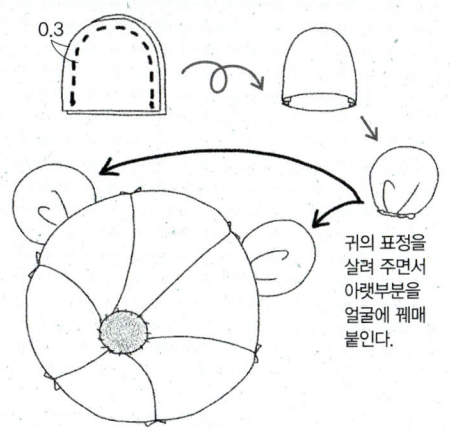

0.3

귀의 표정을 살려 주면서 아랫부분을 얼굴에 꿰매 붙인다.

5 얼굴을 몸체 가장자리에 꿰매 붙이고, 눈을 만든다.

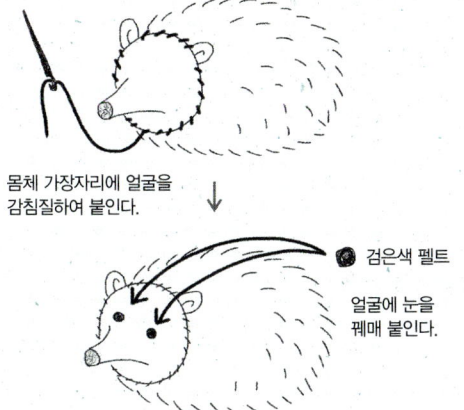

몸체 가장자리에 얼굴을 감침질하여 붙인다.

● 검은색 펠트

얼굴에 눈을 꿰매 붙인다.

6 몸체 아래에 밑판을 본드로 붙인다.

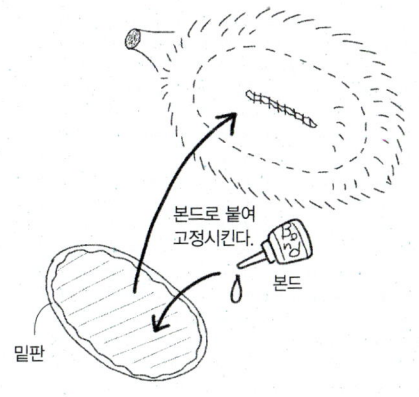

본드로 붙여 고정시킨다.

본드

밑판

Knit

고슴도치 핀 쿠션

page.53

완성 치수 |
폭 7cm×길이 12cm×높이 6.5cm

재료

실 | 몸체 : (하마나카 그란에토프)
　　다크 브라운(105) 40g
　얼굴 : (유더와야만셀 메리노 레인보)
　　베이지(140) 20g, (리치모아 퍼센트)
　　다크 브라운(76) 약간
　귀 : (유더와야만셀 메리노 레인보)
　　베이지(140) 5g
　눈 : (하마나카 핏코로) 블랙(20) 약간
바늘 | 코바늘 4호, 6호
기타 | 플라스틱판 4×6cm, 수예용 본드

이렇게 만드세요

1 고슴도치의 몸체를 뜬다. 남은 실은 모두 안쪽에 집어넣고,
　입구를 꿰매 마무리한다.
2 얼굴과 귀(2개)를 각각 뜬다.
3 몸체에 얼굴을 붙여 고정시킨다.
4 귀를 얼굴 가장자리에 붙인다.
5 눈을 수놓는다.
6 몸체 아래에 플라스틱판을 본드로 붙인다.

몸체

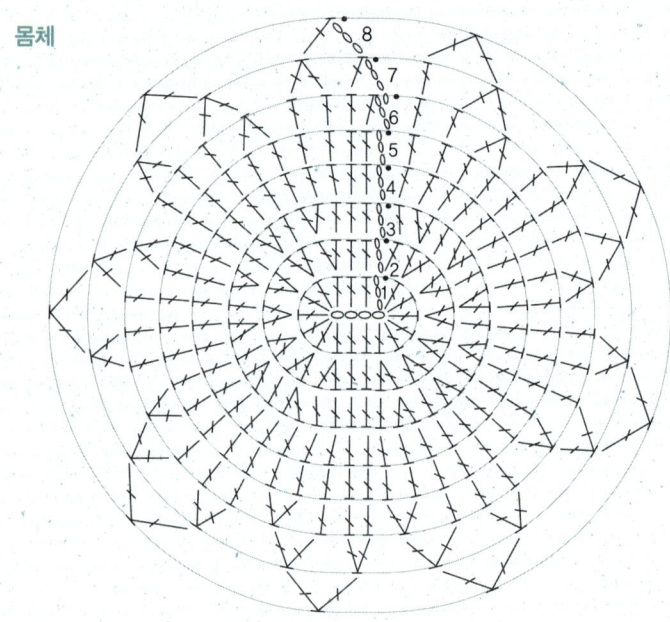

귀 ※ 2장 뜬다

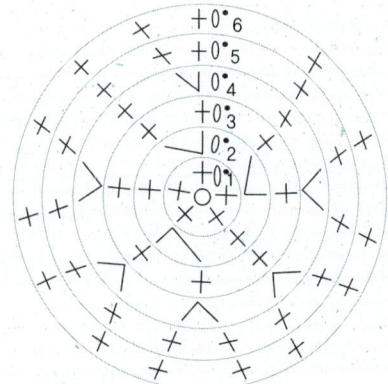

∨ = ∨ 짧은뜨기 2번을 1코에서 뜨기(코 늘리기)

몸체 마무리하는 방법

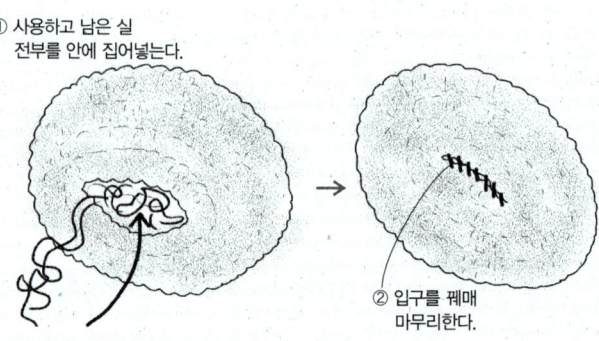

① 사용하고 남은 실
　전부를 안에 집어넣는다.

② 입구를 꿰매
　마무리한다.

116

얼굴 ※ 1~3단까지는 다크 브라운, 4~15단까지는 베이지로 뜬다.

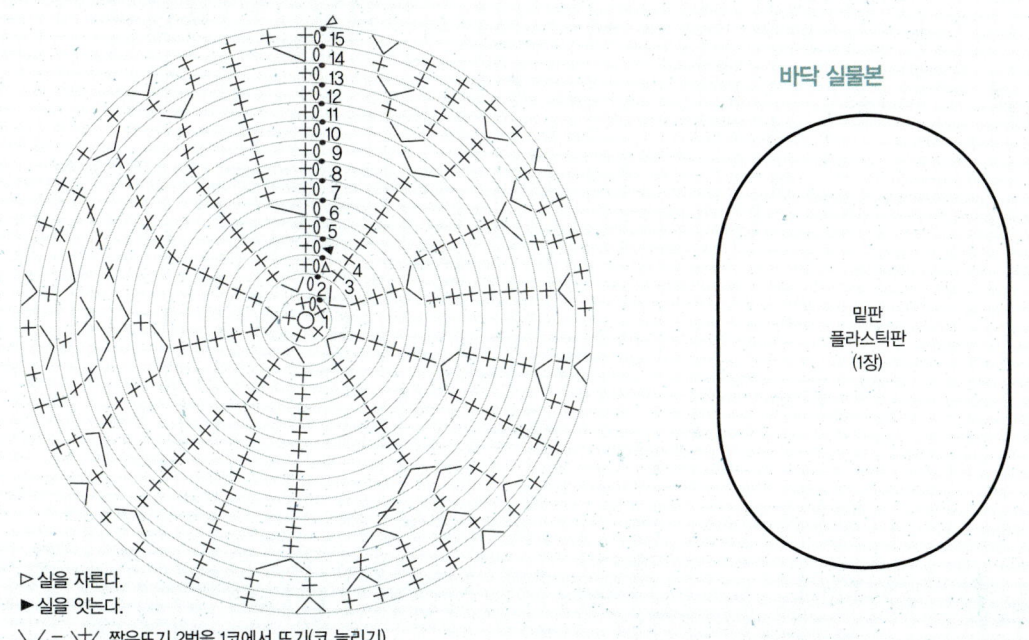

바닥 실물본

밑판
플라스틱판
(1장)

▷ 실을 자른다.
► 실을 잇는다.
∨ = 短은뜨기 2번을 1코에서 뜨기(코 늘리기)

고슴도치 핀 마무리하는 법

② 귀의 모양을 잡는다.

가장자리는
서로 모아 꿰맨다.

실을 잡아당겨
적당히 모양을
잡는다.

③ 귀는 얼굴
가장자리에
꿰매 붙인다.

① 얼굴 뜨기가 끝나면 안쪽으로
남은 베이지 실을 집어 넣고,
몸체 가장자리에 꿰매서 붙인다.

④ 바리온 스티치로 눈을 만든다
(돗바늘로 수를 놓는다).

블랙 실 1겹으로
2회 수를 놓아
도넛 형을 만든다.

밑판

⑤ 밑판은 몸체 아래에
본드로 붙인다.

Fabric

page.54
완성 치수 | 7.5×10.5㎝

바늘 케이스

재 료

겉 커버 | 두꺼운 펠트(핑크) 8.5×22㎝
안쪽 바늘꽂이 | 일반 두께의 펠트(민트) 6.5×19㎝
겉 장식 | 일반 두께의 펠트(블루) 6.5×19㎝
아플리케 | 일반 두께의 펠트 레드 · 핑크 · 카키 · 그린 각 2×2㎝, 카키(줄기) 4×5㎝
자수 실 | (앵커 25번 자수실) 모스 그린(218), 그린(245), 화이트(926) 약간씩

재단하는 법

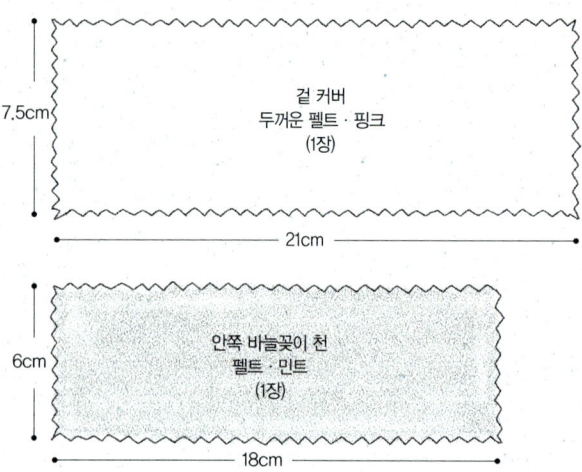

7.5cm

겉 커버
두꺼운 펠트 · 핑크
(1장)

21cm

※ 가장자리를 모두 핑킹가위로 커트한다.

6cm

안쪽 바늘꽂이 천
펠트 · 민트
(1장)

18cm

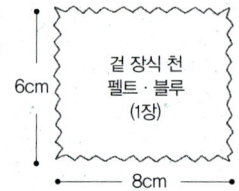

6cm

겉 장식 천
펠트 · 블루
(1장)

8cm

아플리케 실물본
※ 지정색의 펠트로 각 1장씩 재단한다.

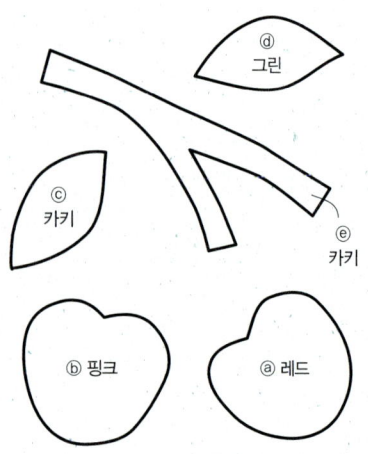

ⓓ 그린

ⓒ 카키

ⓔ 카키

ⓑ 핑크

ⓐ 레드

아플리케 도안

ⓓ

ⓔ

ⓒ

ⓐ

ⓑ

1 겉 커버 위에 안쪽 바늘꽂이 펠트를 올려 중심을 합치고, 겉 커버가 울지 않도록 바늘꽂이 펠트의 중심을 꿰맨다.

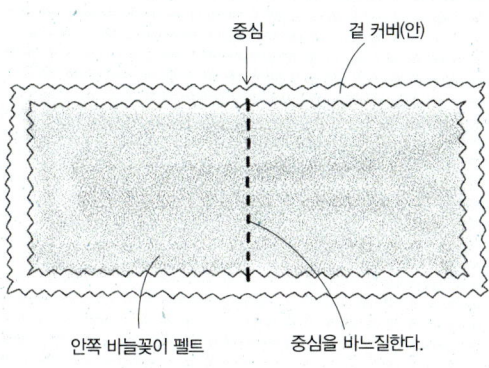

중심

겉 커버(안)

안쪽 바늘꽂이 펠트

중심을 바느질한다.

2 겉 장식 펠트에 아플리케를 한다.

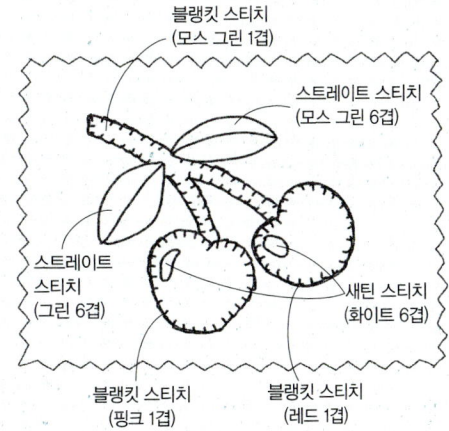

블랭킷 스티치
(모스 그린 1겹)

스트레이트 스티치
(모스 그린 6겹)

스트레이트
스티치
(그린 6겹)

새틴 스티치
(화이트 6겹)

블랭킷 스티치
(핑크 1겹)

블랭킷 스티치
(레드 1겹)

3 겉 커버 위에 완성한 겉 장식을 올려놓고 주위를 핑크 실로 바느질하여 붙인다(안쪽 펠트까지 꿰매지 않도록 주의).

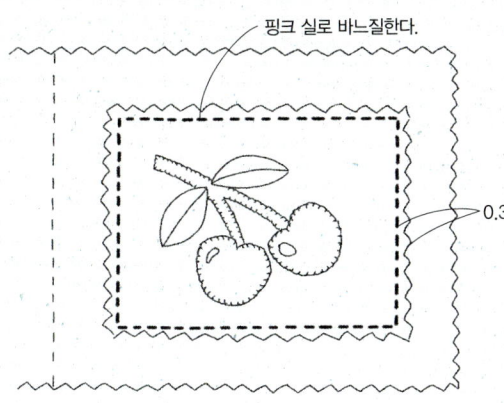

핑크 실로 바느질한다.

0.3

4 전체를 2겹으로 접고, 접은 곳에서 0.7㎝ 들여 바느질한다.

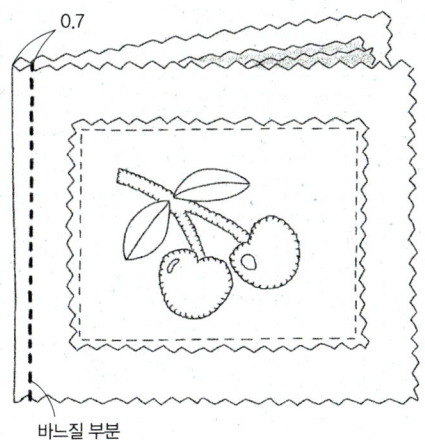

0.7

바느질 부분

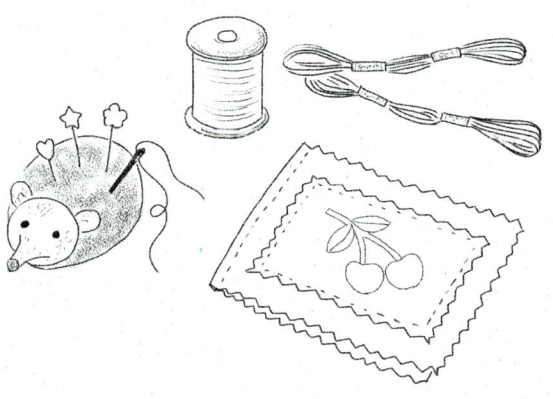

Knit

page.55
완성 치수 | 8×10cm
게이지 | 10×10cm 28코, 30단

바늘 케이스

재료

실 | 겉 커버 : (리치모아 퍼센트) 레드(73) 15g
　　 겉 장식 : (하마나카 핏코로) 물색(12) 5g

자수 실 | (앵커 타피세리) 그린(9118),
　　　　 라이트 그린(9102), 레드(8200),
　　　　 블루(8690), 핑크(8454),
　　　　 엷은 핑크(8432) 약간씩

기타 | 펠트(블루) 20×7cm

바늘 | 코바늘 3호, 울 자수바늘

이렇게 만드세요

1 겉 커버와 겉 장식을 뜬다.

2 겉 커버 위에 펠트를 올려 중심을 합쳐 놓고, 펠트의 중심을
　 겉 커버가 울지 않도록 바느질하여 붙인다.

3 겉 커버 장식에 수를 놓는다.

4 겉 커버에 3을 올려놓고 네 귀퉁이를 스티치하여 붙인다.
　 (안쪽의 펠트까지 꿰메지 않도록 주의).

5 펠트가 안으로 들어가게 하여 전체를 2겹으로 접는다.
　 접은 곳에서 0.8cm 들인 곳을 동색의 실로
　 바느질한다.

겉 장식

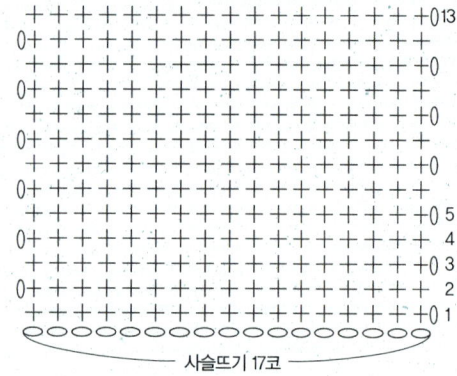

사슬뜨기 17코

펠트

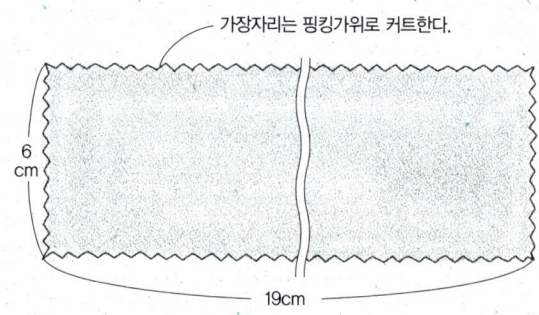

가장자리는 핑킹가위로 커트한다.

6 cm

19cm

겉 커버

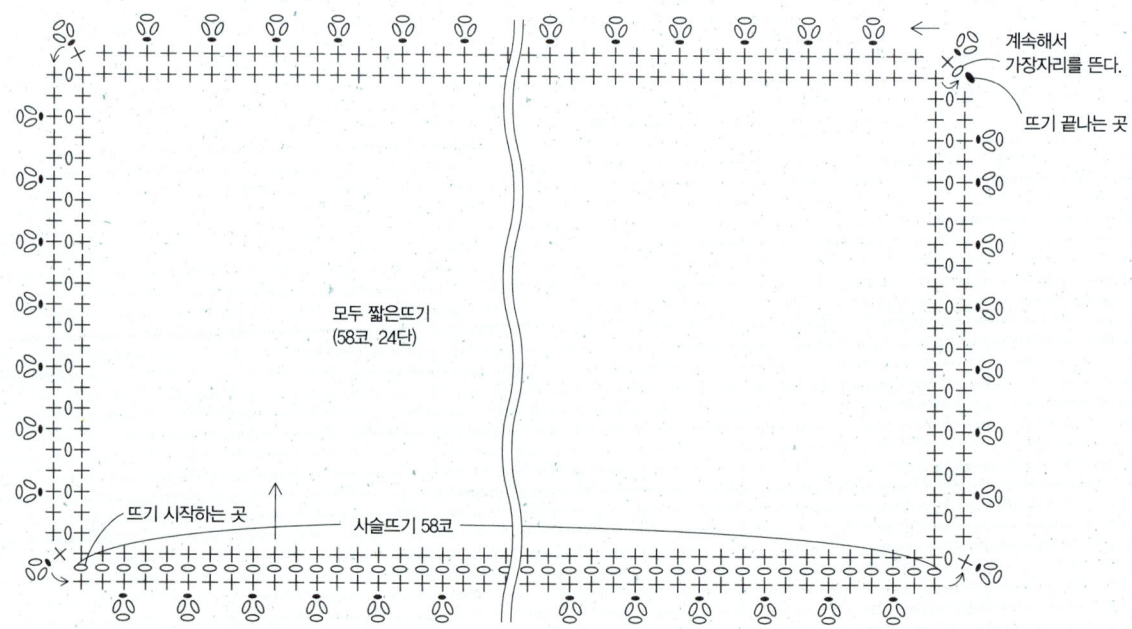

모두 짧은뜨기
(58코, 24단)

계속해서
가장자리를 뜬다.

뜨기 끝나는 곳

뜨기 시작하는 곳

사슬뜨기 58코

자수 도안(실물본)

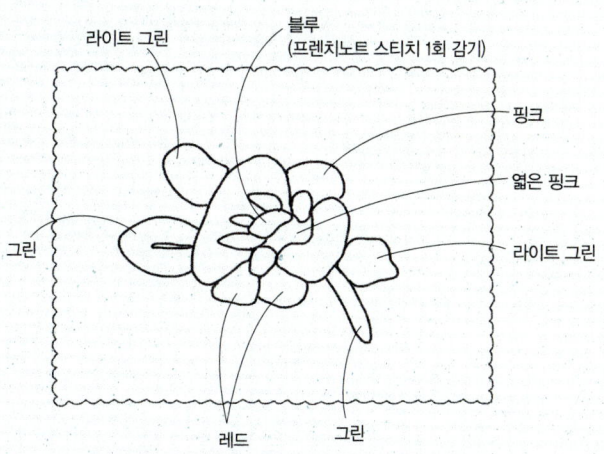

라이트 그린
블루
(프렌치노트 스티치 1회 감기)
핑크
엷은 핑크
라이트 그린
그린
레드
그린

※ 모두 실 1겹으로, 스티치 표시가 없는 곳은 새틴 스티치로 수놓는다.

바늘 케이스 마무리하는 방법

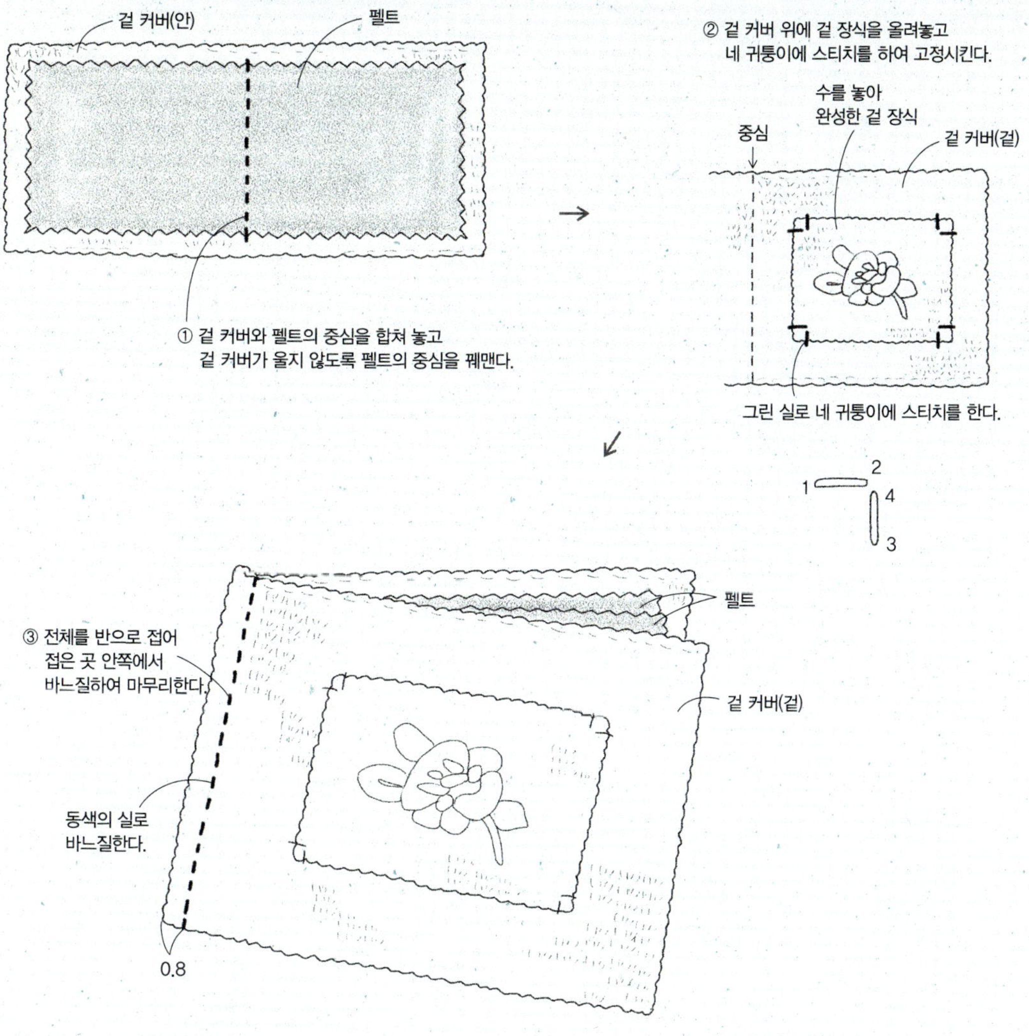

겉 커버(안)   펠트

① 겉 커버와 펠트의 중심을 합쳐 놓고
겉 커버가 울지 않도록 펠트의 중심을 꿰맨다.

② 겉 커버 위에 겉 장식을 올려놓고
네 귀퉁이에 스티치를 하여 고정시킨다.

중심

수를 놓아
완성한 겉 장식

겉 커버(겉)

그린 실로 네 귀퉁이에 스티치를 한다.

1 2
4
3

③ 전체를 반으로 접어
접은 곳 안쪽에서
바느질하여 마무리한다.

펠트

겉 커버(겉)

동색의 실로
바느질한다.

0.8

Fabric

플라워 마그넷

page.56

재 료

장미 | 코튼 무지(핑크) 5×55cm(바이어스에 재단한 것)
레이스 꽃 | 코튼 레이스(오프화이트) 폭 2×40cm
마거리트 | 코튼 스트라이프(블루×화이트) 폭 1×15cm 15개, 코튼 거즈(겨자색) 4×4cm, 솜 약간
기타 | 마그넷 시트 지름 2cm 원형(1개분)

미니 장미 만드는 법

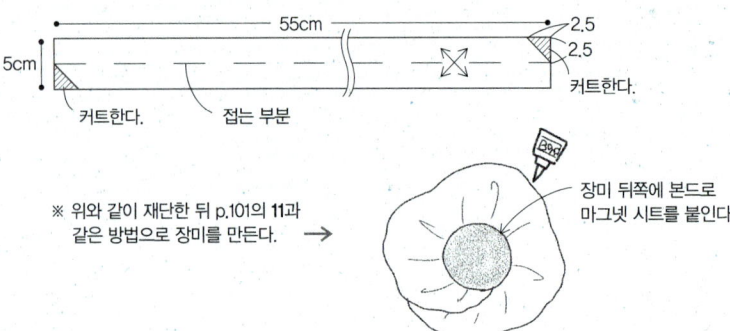

55cm
5cm
2.5
2.5
커트한다.
접는 부분
커트한다.

※ 위와 같이 재단한 뒤 p.101의 **11**과 같은 방법으로 장미를 만든다. →

장미 뒤쪽에 본드로 마그넷 시트를 붙인다.

레이스 장미 만드는 법

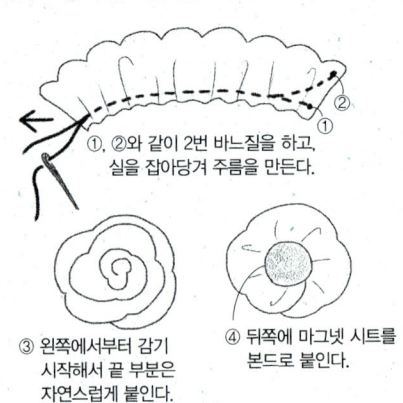

①, ②와 같이 2번 바느질을 하고, 실을 잡아당겨 주름을 만든다.

③ 왼쪽에서부터 감기 시작해서 끝 부분은 자연스럽게 붙인다.

④ 뒤쪽에 마그넷 시트를 본드로 붙인다.

마거리트 만드는 법

실물본 ※ 시접이 없다.

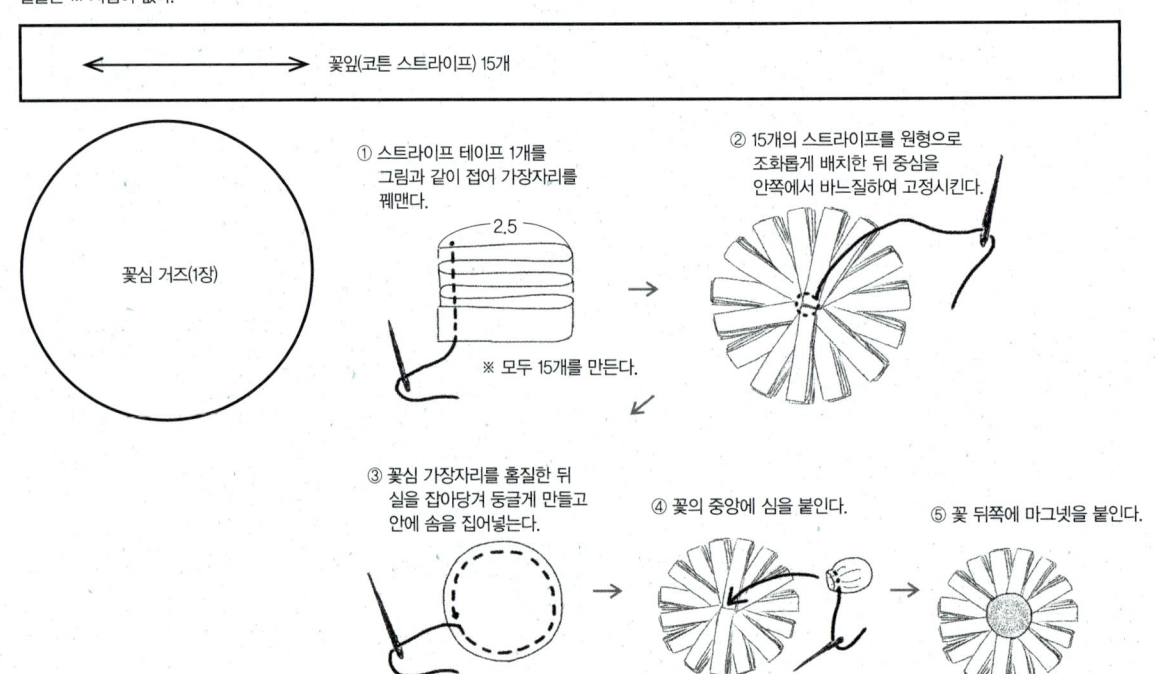

꽃잎(코튼 스트라이프) 15개

꽃심 거즈(1장)

① 스트라이프 테이프 1개를 그림과 같이 접어 가장자리를 꿰맨다.

2.5

※ 모두 15개를 만든다.

② 15개의 스트라이프를 원형으로 조화롭게 배치한 뒤 중심을 안쪽에서 바느질하여 고정시킨다.

③ 꽃심 가장자리를 홈질한 뒤 실을 잡아당겨 둥글게 만들고 안에 솜을 집어넣는다.

④ 꽃의 중앙에 심을 붙인다.

⑤ 꽃 뒤쪽에 마그넷을 붙인다.

플라워 마그넷

재 료

미니 장미 | (하마나카 핏코로) 레드(6), (리치모아 마일드러너) 그린
(12) 각 5g씩

나무 열매 | (리치모아 마일드 러너) 핑크(69), 로즈(22), 라벤더(51),
레드(25), 진한 라벤더(21), 그린(12), 모스 그린(13) 각 3g씩

달리아 | (리치모아 퍼센트) 오프화이트(2), 겨자색(6),
(리치모아 마일드 러너) 그린(12) 각 3g씩

기타 | 마그넷 시트 지름 2㎝ 원형(1개분), 수예용 본드

바늘 | 코바늘 3호, 4호

이 렇 게 만 드 세 요

1 각 모티브들을 떠서 짜 맞춘다.

2 모양이 완성되면 마그넷 시트를 붙인다.

page.57

미니 장미 만드는 법

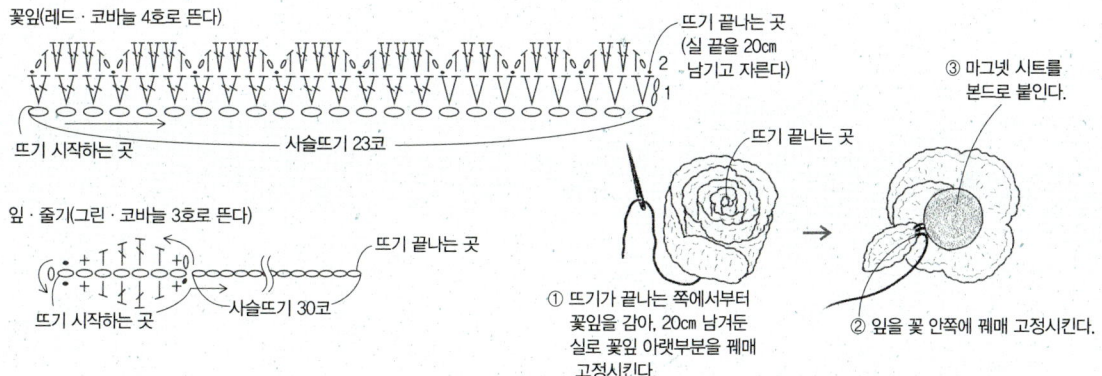

꽃잎(레드 · 코바늘 4호로 뜬다)

뜨기 끝나는 곳 (실 끝을 20㎝ 남기고 자른다)

뜨기 시작하는 곳 · 사슬뜨기 23코

잎 · 줄기(그린 · 코바늘 3호로 뜬다)

뜨기 시작하는 곳 · 사슬뜨기 30코 · 뜨기 끝나는 곳

③ 마그넷 시트를 본드로 붙인다.

뜨기 끝나는 곳

① 뜨기가 끝나는 쪽에서부터 꽃잎을 감아, 20㎝ 남겨둔 실로 꽃잎 아랫부분을 꿰매 고정시킨다.

② 잎을 꽃 안쪽에 꿰매 고정시킨다.

나무 열매 만드는 법

잎(그린, 모스 그린으로 각 1장씩, 코바늘 3호로 뜬다)

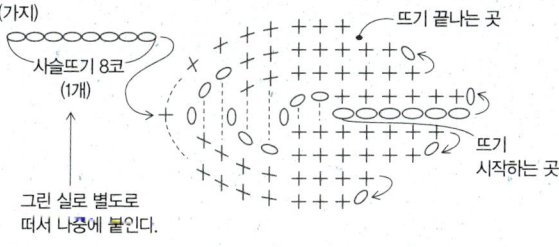

(가지)

사슬뜨기 8코 (1개)

그린 실로 별도로 떠서 나중에 붙인다.

뜨기 끝나는 곳

뜨기 시작하는 곳

※ 열매는 p.85의 열매 뜨는 법을 참조로 핑크, 로즈, 라벤더, 레드, 진한 라벤더 실로 각 1개씩 뜬다.

※ 그린, 모스 그린 실로 사슬뜨기 30코를 만들어 줄기를 각 1개씩 뜬다.

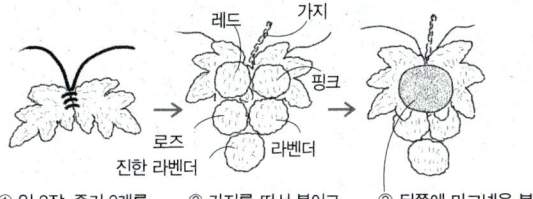

레드 · 가지 · 핑크 · 라벤더 · 로즈 · 진한 라벤더

① 잎 2장, 줄기 2개를 서로 합해 꿰매서 붙인다.

② 가지를 떠서 붙이고 열매도 단다.

③ 뒤쪽에 마그넷을 붙인다.

달리아 만드는 법

꽃(오프화이트 · 코바늘 4호로 각 1개씩 뜬다)

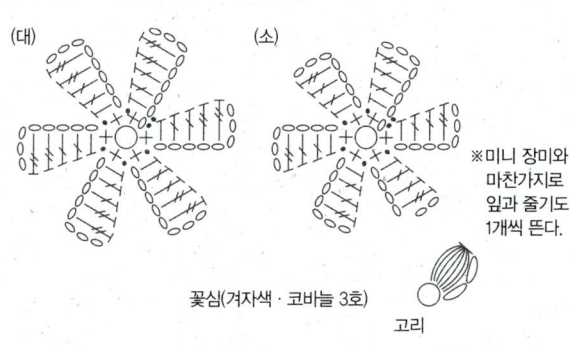

(대) (소)

※미니 장미와 마찬가지로 잎과 줄기도 1개씩 뜬다.

꽃심(겨자색 · 코바늘 3호)

고리

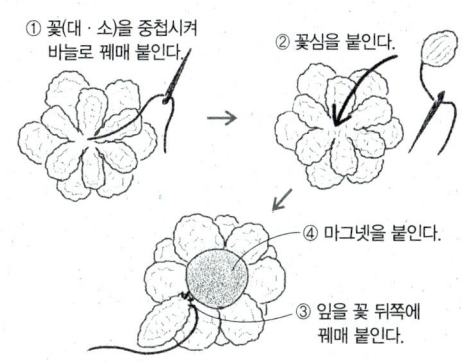

① 꽃(대 · 소)을 중첩시켜 바늘로 꿰매 붙인다.

② 꽃심을 붙인다.

④ 마그넷을 붙인다.

③ 잎을 꽃 뒤쪽에 꿰매 붙인다.

Fabric

미니 플라워

재 료 (7개분)

꽃 | 리넨 거즈(오프화이트), 코튼 무지(오프화이트) 각 8×56㎝
꽃받침 | 코튼 무지(카키) 3.5×24.5㎝
줄기 | 코튼 무지(카키) 폭 1×길이 25㎝ 7개(바이어스에 재단한다)
기타 | 조화용 와이어(No.22) 7개, 마 끈(오프화이트) 175㎝, 스프레이 풀, 수예용 본드

page.58
완성치수 | 꽃 지름 4㎝×길이 21㎝

실물본

꽃
리넨 거즈,
코튼 무지
(각 7장씩)

꽃심 만드는 법

마 끈을 꽃 1개당 5cm 길이로
5개 자른다.

5cm

끈의 중앙을
와이어에 끼운다.

와이어

와이어를 꼰다.

동색의 실로 감은 뒤
본드로 고정시킨다.

꽃 마무리하는 법

꽃받침
코튼 무지
(7장)

① 꽃에 스프레이 풀을
뿌리고 건조시킨다.

② 두 개의 꽃을 엇갈리게 포갠 뒤
송곳으로 중심에 구멍을 낸다.

리넨 거즈

코튼

③ 꽃심을 꽃의
중심에 끼우고
본드로 고정시킨다

④ 줄기용 코튼에
본드를 바르고 줄기
전체를 감는다.

꽃받침

⑤ 꽃받침 중심에도
송곳으로 구멍을
뚫어 꽃에 끼우고
본드를 발라 고정시킨다.

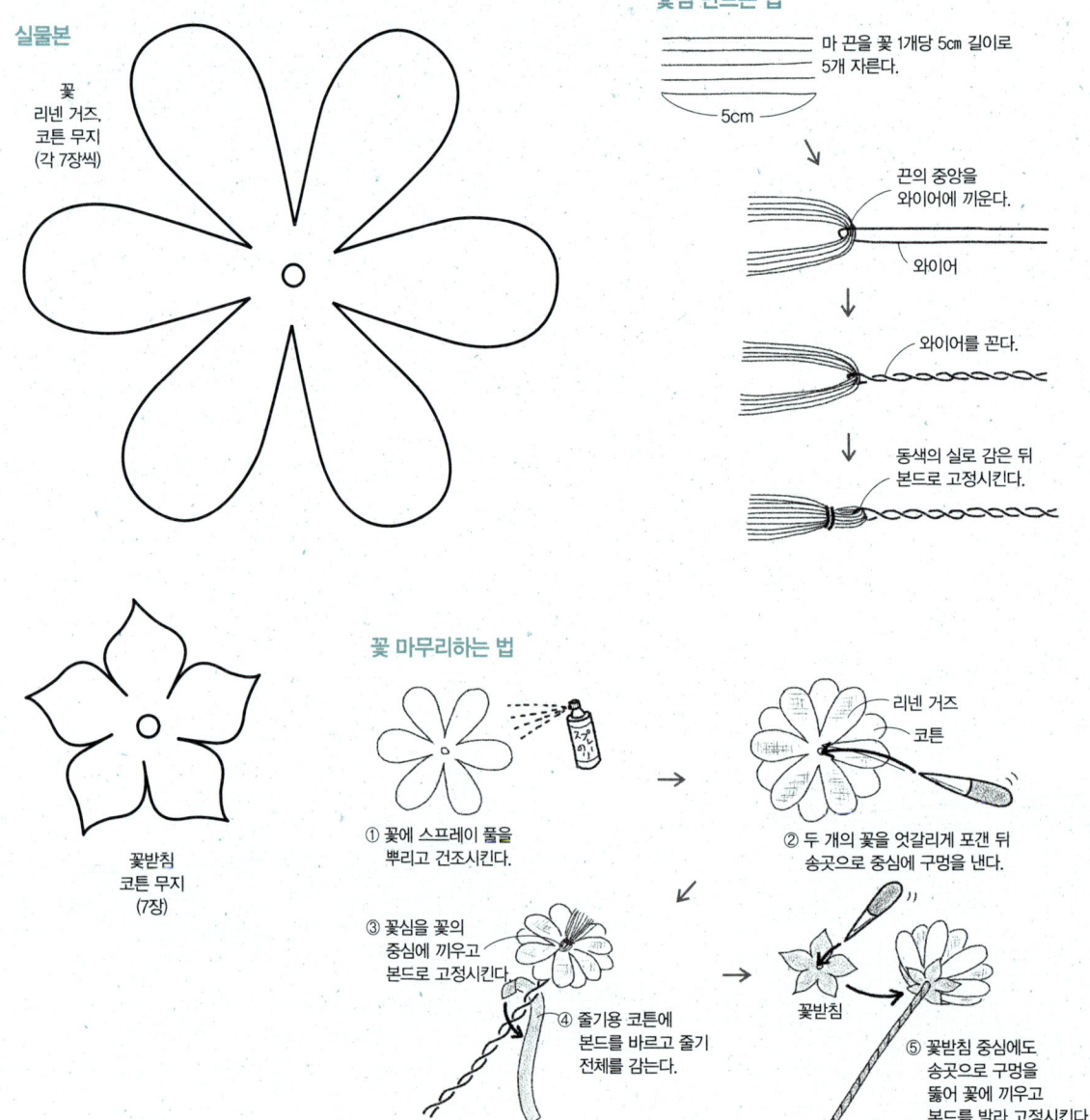

미니 플라워

재 료 (7개분)

실 | 꽃 : (하마나카 플랙스 k) 레드(203) 25g
꽃심 : (하마나카 플랙스 k) 내추럴(13) 5g
바늘 | 코바늘 3호
기타 | 조화용 와이어(No.22) 7개

이 렇 게   만 드 세 요

1 꽃심용 실을 와이어에 끼워 고정시킨다(7개 만든다).

2 꽃을 7개 뜬다. 1단의 끝나는 곳에서 중심을 잡아당길 때는
나중에 꽃심을 끼워야 하기 때문에 약간의 여유를 두고
잡아당긴다.

3 꽃을 모두 뜨면 실 끝을 15~20㎝ 남기고, 꽃의 중심에 꽃심을
끼운 뒤 그 실로 꽃심을 감싸듯 바느질하여 단단히
고정시킨다. 같은 방법으로 7개를 만든다.

4 꽃심을 높낮이를 달리하여 자연스럽게 자른 뒤 마무리한다.

page.59
완성 치수 |
꽃 지름 4㎝ × 길이 21㎝

꽃 ※ 7개를 뜬다.

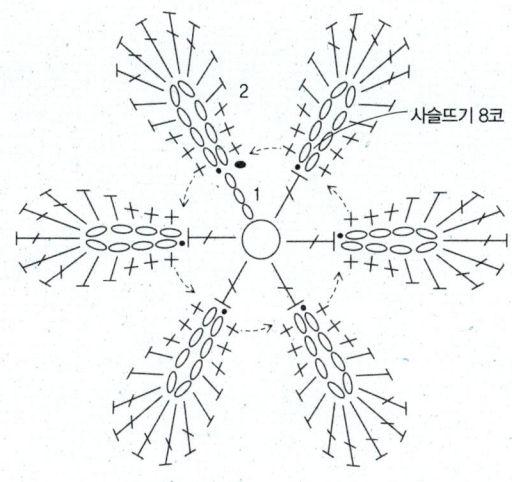

사슬뜨기 8코

꽃심 만드는 법

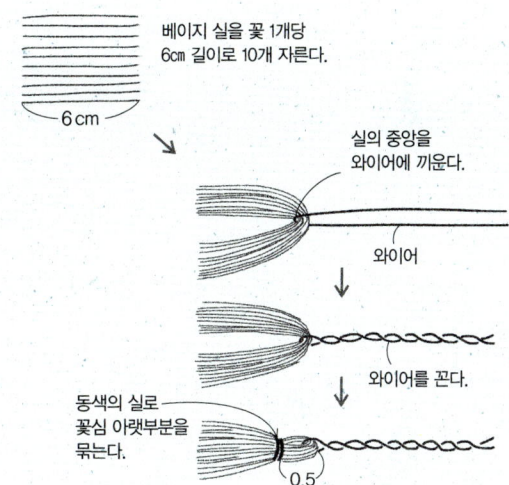

베이지 실을 꽃 1개당
6㎝ 길이로 10개 자른다.

6 cm

실의 중앙을
와이어에 끼운다.

와이어

와이어를 꼰다.

동색의 실로
꽃심 아랫부분을
묶는다.

0.5

꽃 마무리하는 법

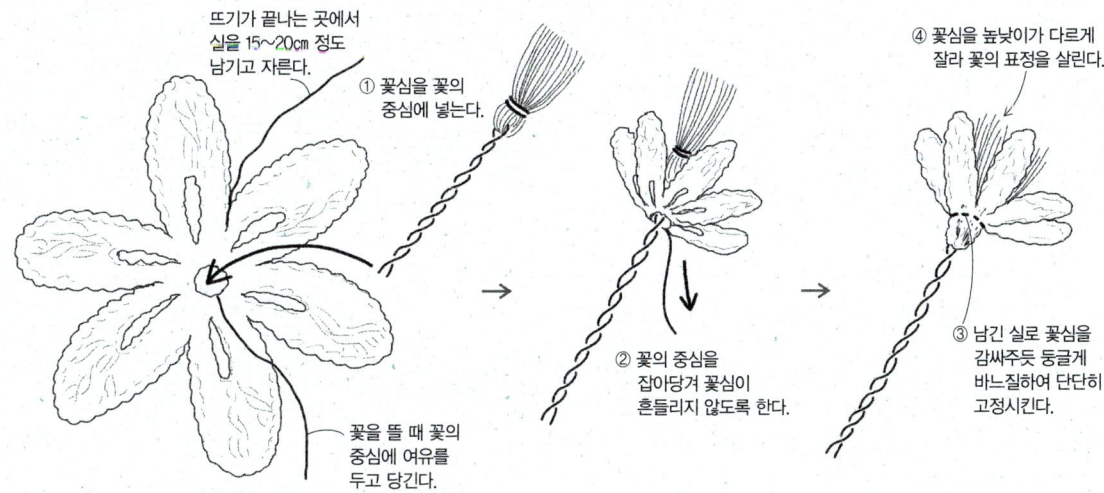

뜨기가 끝나는 곳에서
실을 15~20㎝ 정도
남기고 자른다.

① 꽃심을 꽃의
중심에 넣는다.

② 꽃의 중심을
잡아당겨 꽃심이
흔들리지 않도록 한다.

꽃을 뜰 때 꽃의
중심에 여유를
두고 당긴다.

④ 꽃심을 높낮이가 다르게
잘라 꽃의 표정을 살린다.

③ 남긴 실로 꽃심을
감싸주듯 둥글게
바느질하여 단단히
고정시킨다.

Fabric

북 & 다이어리 커버

재료

겉감 | 코튼 프린트(꽃무늬) 19×38㎝, 깅엄체크(그린) 19×5㎝
안감 | 깅엄체크(그린) 19×41㎝
기타 | 얇은 종이 접착심 19×41㎝, 지그재그 테이프(적) 폭1×20㎝, 면 테이프(레드) 폭 1.5×20㎝

page.60
완성 치수 | 문고판 사이즈

재단하는 법

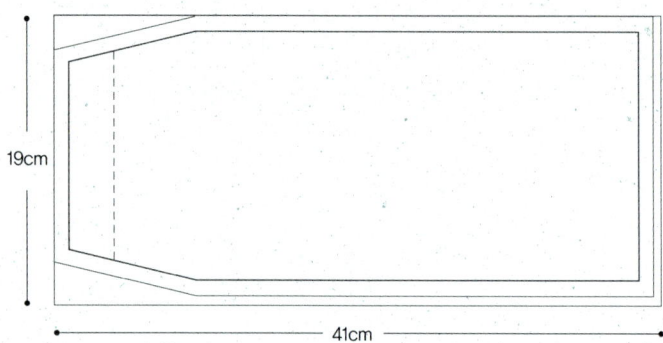

※ 겉감, 안감 공통
※ 겉감은 우선 2장의 천을 꿰매어
　잇는다(잇는 방법은 오른쪽 페이지 참조).

---

1 겉감과 안감은 겉끼리 마주 보게 하여 합친 뒤 오른쪽 가장자리를 바느질한다(겉감의 안쪽에 우선 접착심을 붙인다).

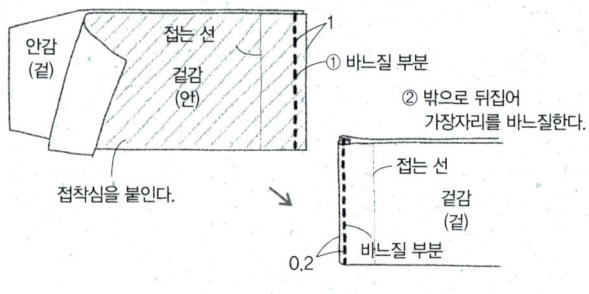

2 접는 선에서부터 전체를 뒤집어 꺾어 겉감과 안감 사이에 지그재그 테이프와 면 테이프를 끼우고 가장자리를 바느질한다.

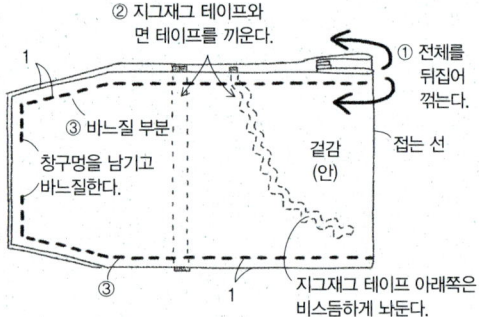

3 창구멍을 통해 밖으로 뒤집고 창구멍을 바느질한다.

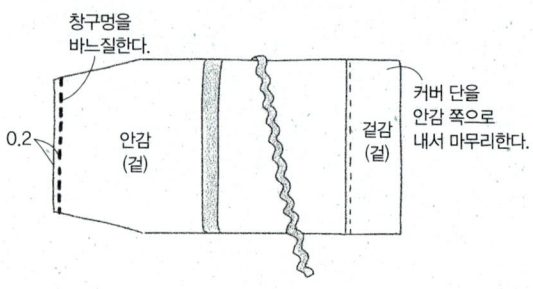

4 지그재그 테이프와 면 테이프의 상단을 바느질하여 누른다.

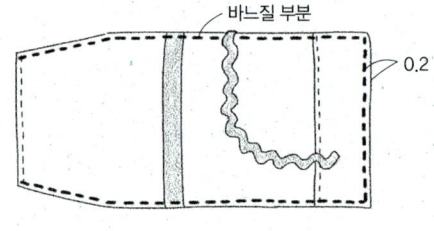

126

실물본 ※ 50% 축소본. 200% 확대하여 사용

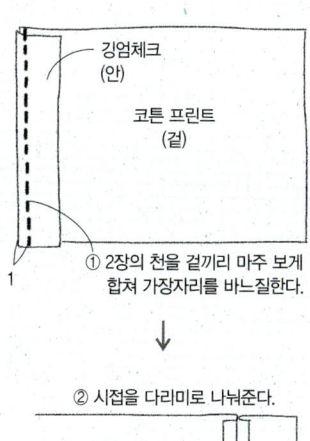

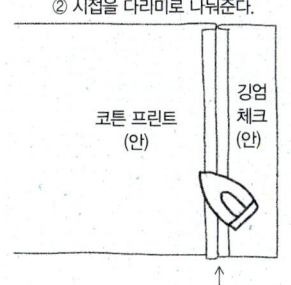

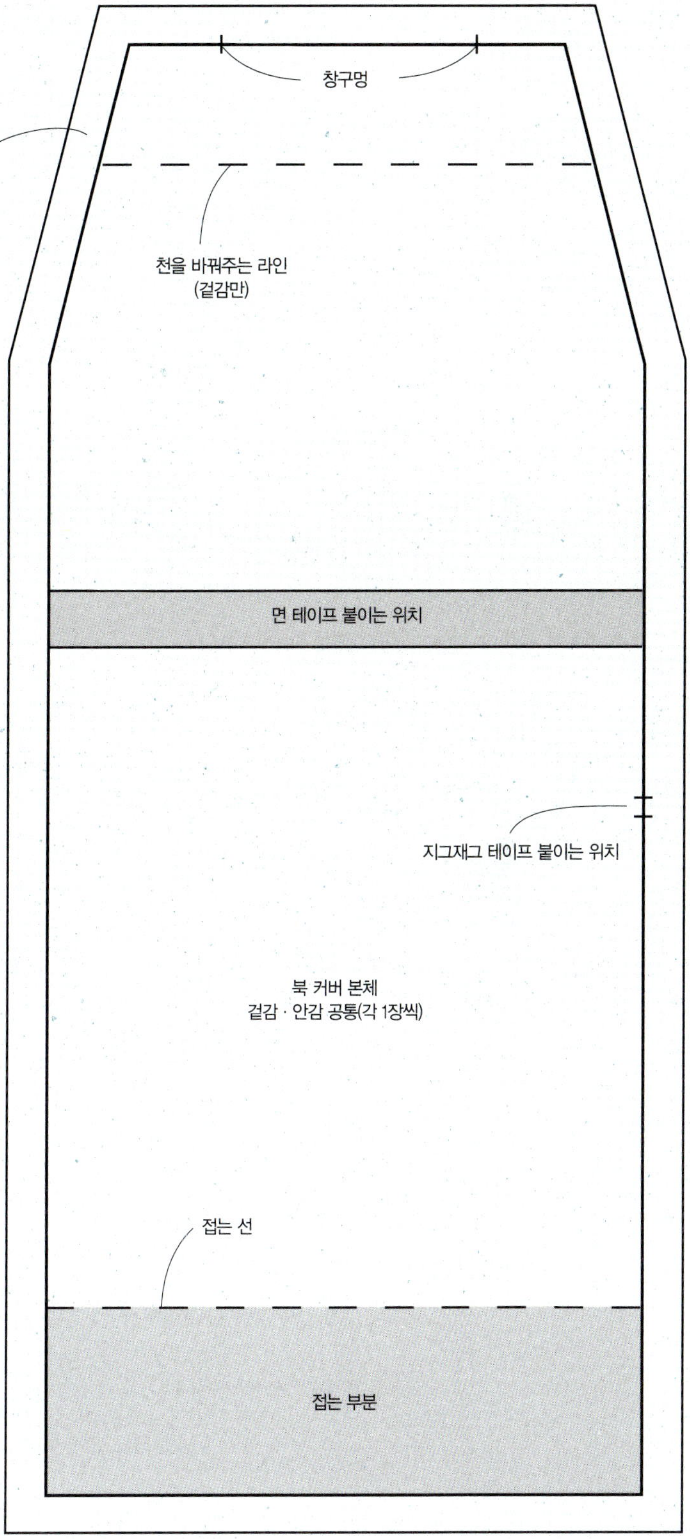

창구멍
시접 1
천을 바꿔주는 라인
(겉감만)
면 테이프 붙이는 위치
지그재그 테이프 붙이는 위치
북 커버 본체
겉감 · 안감 공통(각 1장씩)
접는 선
접는 부분

겉감 잇는 법

깅엄체크
(안)
코튼 프린트
(겉)
1

① 2장의 천을 겉끼리 마주 보게 합쳐 가장자리를 바느질한다.

↓

② 시접을 다리미로 나눠준다.

코튼 프린트
(안)
깅엄
체크
(안)

↑

이곳은 모형지의 천을 바꾸는 라인에 맞춰 재단한다.

Knit

page.61

완성 치수 | 문고판 사이즈
게이지 | 베이스 10×10㎝ 27코, 34단

북 & 다이어리 커버

재 료

본체 | (리치모아 퍼센트) 머스터드(14) 40g, 라벤더
　　　 (113) 10g
책갈피 | (리치모아 퍼센트) 레드(73), 그린(33) 약간
　　　 씩
가장자리 장식 | (리치모아 퍼센트) 갈색(103) 약간
자수 실 | (앵커 25번사) 레드(13), 핑크(57), 엷은 핑크
　　　 (75), 라이트 그린(258), 화이트(926)
　　　 각 1묶음씩
바늘 | 코바늘 4호, 프랑스 자수바늘 6번
기타 | 트레이싱 페이퍼

이 렇 게　만 드 세 요

1 베이스를 짧은뜨기로 뜬다(머스터드).
2 커버 단과 벨트를 뜬다(라벤더).
3 베이스와 커버 단에 수를 놓는다(트레이싱 페이퍼에 도안을
　복사하여 수놓는 장소에 붙인다. 페이퍼 위에서 수를
　놓은 다음 마지막에 종이를 찢어서 제거한다).
4 책갈피의 꽃과 끈을 뜬다.
5 베이스 가장자리를 블랭킷 스티치를 하여 마무리한다.

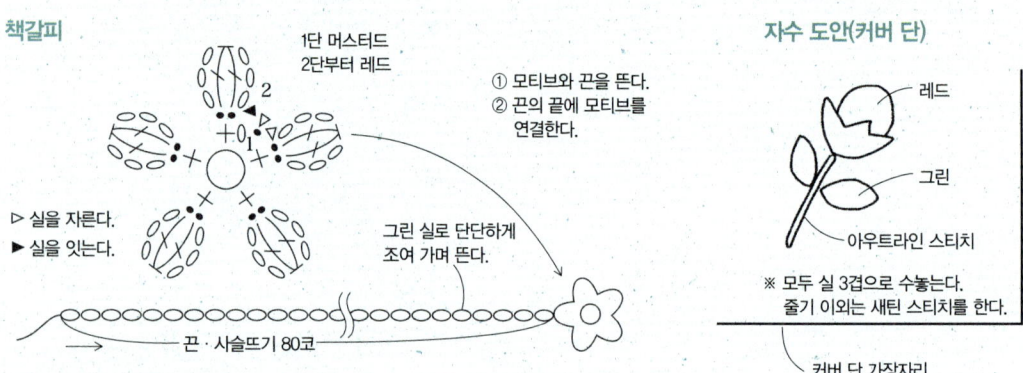

책갈피

1단 머스터드
2단부터 레드

① 모티브와 끈을 뜬다.
② 끈의 끝에 모티브를
　연결한다.

▷ 실을 자른다.
▶ 실을 잇는다.

그린 실로 단단하게
조여 가며 뜬다.

끈 · 사슬뜨기 80코

자수 도안(커버 단)

레드
그린
아우트라인 스티치

※ 모두 실 3겹으로 수놓는다.
　줄기 이외는 새틴 스티치를 한다.

커버 단 가장자리

자수 도안(커버 겉면)

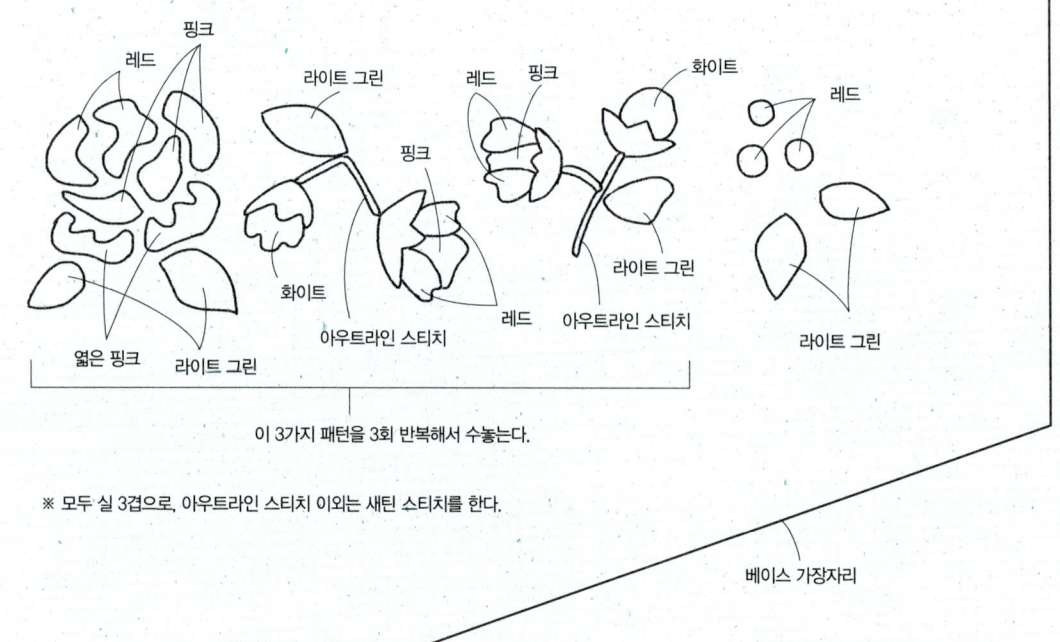

레드
핑크
엷은 핑크
라이트 그린
라이트 그린
화이트
아우트라인 스티치
레드
핑크
핑크
레드
아우트라인 스티치
화이트
라이트 그린
레드
라이트 그린

이 3가지 패턴을 3회 반복해서 수놓는다.

※ 모두 실 3겹으로, 아우트라인 스티치 이외는 새틴 스티치를 한다.

베이스 가장자리

북 커버 본체

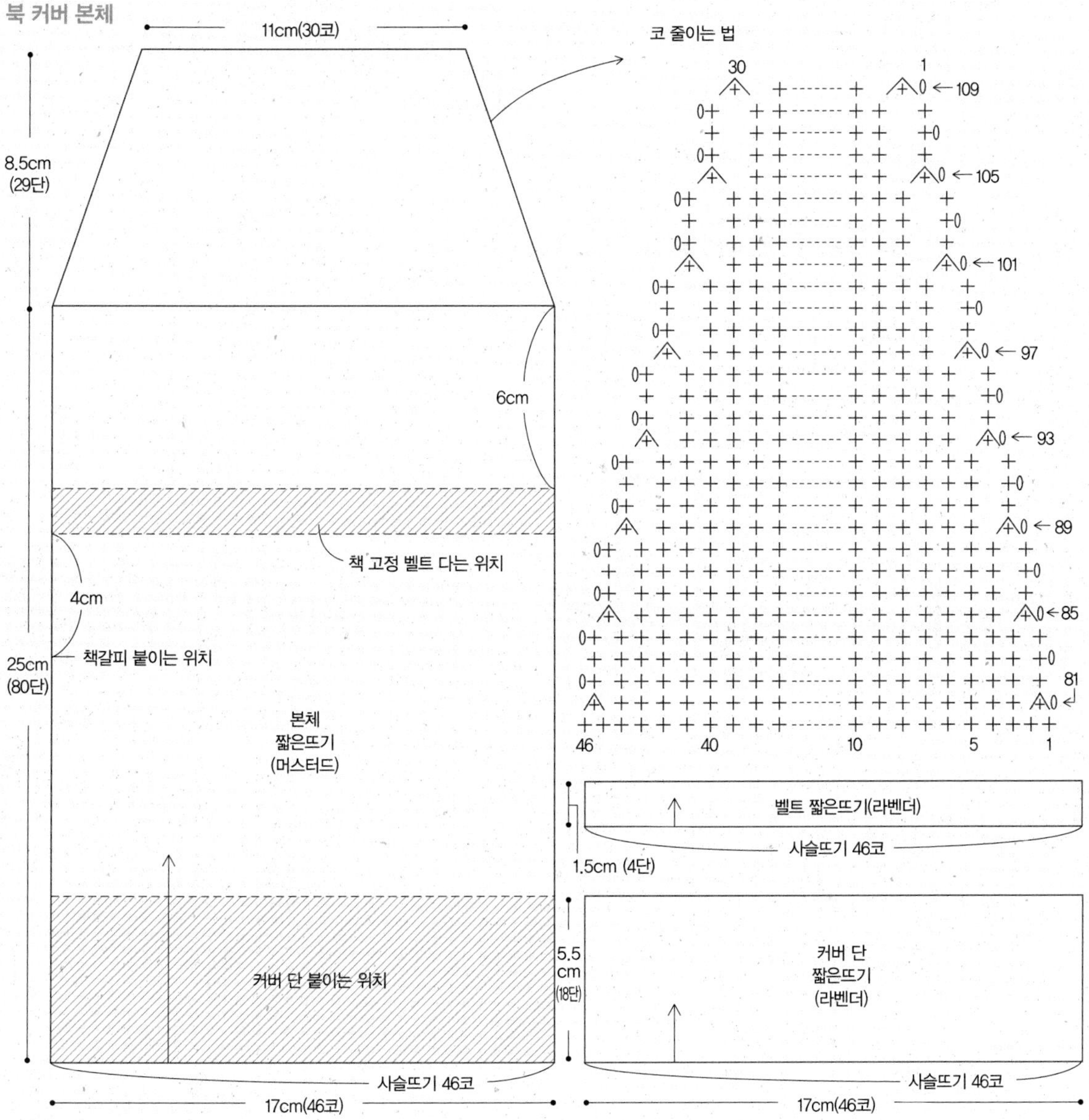

11cm(30코)

8.5cm
(29단)

6cm

책 고정 벨트 다는 위치

4cm

책갈피 붙이는 위치

25cm
(80단)

본체
짧은뜨기
(머스터드)

커버 단 붙이는 위치

사슬뜨기 46코

17cm(46코)

코 줄이는 법

```
      30                      1
   + + - - - - - + +   0 ← 109
 0 + + + + - - + +   + 0
   + + + + - - + +   +
   + + + + - - + +   + 0 ← 105
 0 + + + + + + + +   +
 0 + + + + + + + +   + 0
   + + + + + + + +   + 0 ← 101
 0 + + + + + + + + +  +
 0 + + + + + + + + +  + 0
   + + + + + + + + +  + 0 ← 97
 0 + + + + + + + + + +  +
 0 + + + + + + + + + +  + 0
   + + + + + + + + + +  + 0 ← 93
 0 + + + + + + + + + + +  +
   + + + + + + + + + + +  + 0
   + + + + + + + + + + +  + 0 ← 89
 0 + + + + + + + + + + + +  +
   + + + + + + + + + + + +  + 0
 0 + + + + + + + + + + + +  + 0 ← 85
 0 + + + + + + + + + + + + +  +
 0 + + + + + + + + + + + + +  + 0
 0 + + + + + + + + + + + + + +  81
   + + + + + + + + + + + + + +  0 ↵
   + + + + + + + + + + + + + +
  46         40          10      5       1
```

벨트 짧은뜨기(라벤더)

사슬뜨기 46코

1.5cm (4단)

5.5
cm
(18단)

커버 단
짧은뜨기
(라벤더)

사슬뜨기 46코

17cm(46코)

북 커버 마무리하는 법

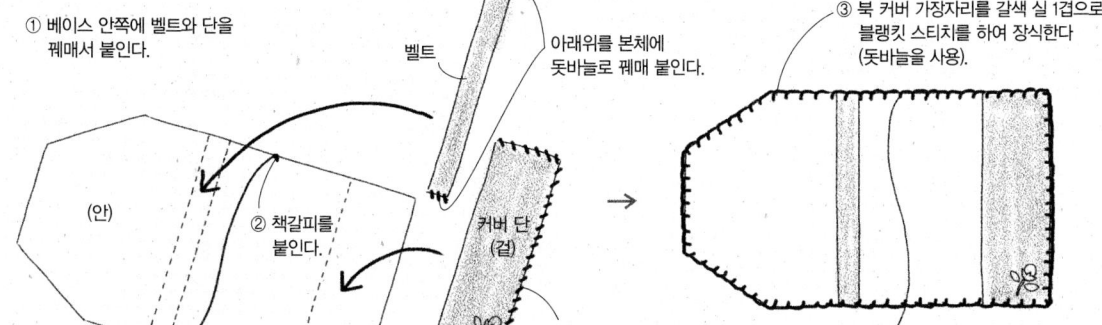

① 베이스 안쪽에 벨트와 단을 꿰매서 붙인다.

벨트

아래위를 본체에 돗바늘로 꿰매 붙인다.

(안)

② 책갈피를 붙인다.

커버 단 (겉)

왼쪽 이외의 세 변을 바느질하여 본체에 붙인다.

③ 북 커버 가장자리를 갈색 실 1겹으로 블랭킷 스티치를 하여 장식한다 (돗바늘을 사용).

Fabric

플래그 스틱

재 료 (1개분)

천 | 코튼 프린트(기호대로 선택) 5×15cm

기타 | 흰색 스틱 지름 3mm 정도 1개(대나무 꼬챙이를 흰색 페인트칠을 하여 사용해도 OK), 수예용 본드

page.62
완성 치수 | 4×6cm(플래그 부분)

1 천을 겉끼리 마주 보게 접어 아래위를 바느질한다. 밖으로 뒤집어
다림질을 한 후 세로 쪽 가장자리 끝에서 5.5cm 되는 곳을
바느질한다.

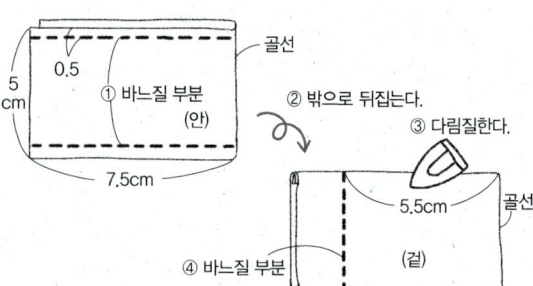

2 스틱과 플래그에 본드를 바르고 플래그의 ★ 부분만큼 스틱을
플래그로 감는다.

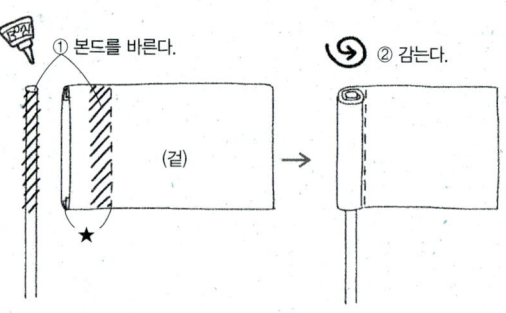

자수 도안 C ※ 베이스 ⓐ · 레드

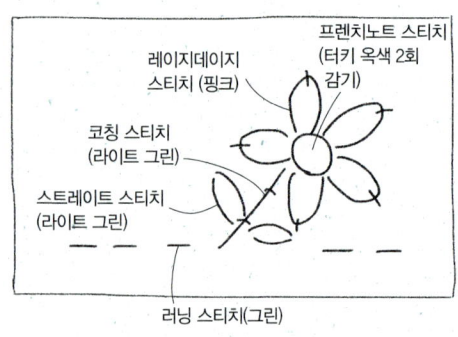

자수 도안 D ※ 베이스 ⓐ · 블루

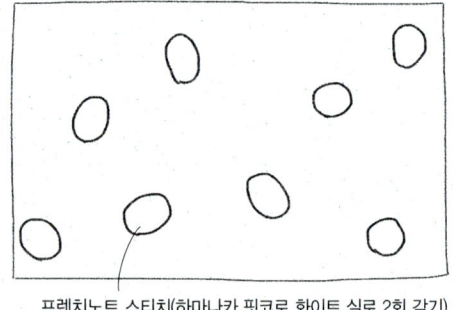

자수 도안 E ※ 베이스 ⓐ · 그린

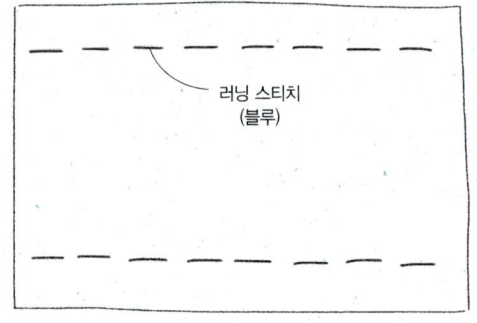

자수 도안 F ※ 베이스 ⓐ · 옐로

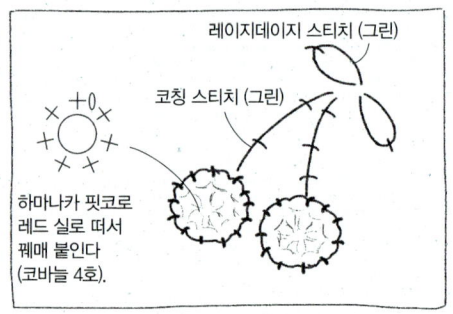

플래그 스틱

재 료 (8개분)

실 | 베이스 ; (하마나카 핏코로) 핑크(5), 화이트(2), 레드(6), 진한
　　핑크(22), 물색(12), 블루(13), 그린(9) 약간씩,
　　(리치모아 퍼센트) 옐로(101) 약간

자수 실 | (앵커 타피세리) 터키 옥색(8806), 블루(8690), 라이트 그린
　　　(9102), 핑크(8454), 레드(8202), 그린(9118) 약간씩

바늘 | 코바늘 4호, 울 자수바늘

기타 | 흰색 스틱 지름 3mm 정도(대나무 꼬챙이를 흰색 페인트칠을
　　　하여 사용해도 OK) 8개

이렇게 만드세요

1 모양별로 베이스를 뜬다.

2 자수를 놓는 베이스는 자수 도안을
참조해서 수를 놓는다(자수 실은 모두
1겹을 사용).

3 베이스 뜨기 시작 쪽에서 스틱을 감고,
실로 꿰매 고정시킨다.

page.63

완성치수 | 3.8×6cm(플래그)
게이지 | 플래그 베이스 3.8×7cm
10코, 19단

베이스 ⓐ

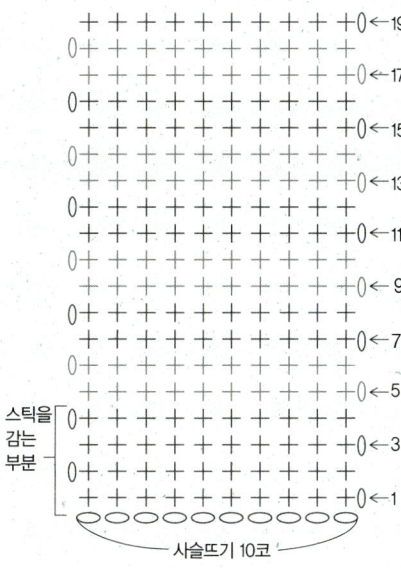

스틱을
감는
부분

사슬뜨기 10코

※베이스를 스트라이프로 뜨는 경우는 ＋를 레드, ＋를 화이트로 뜬다.

베이스 ⓑ

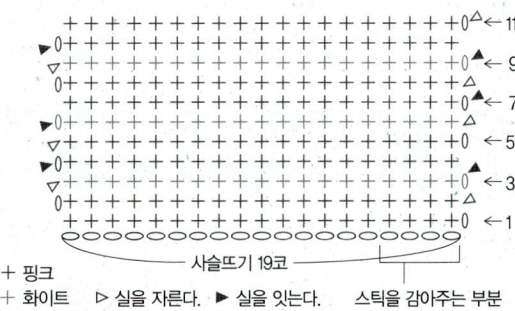

사슬뜨기 19코

＋ 핑크　＋ 화이트　▷ 실을 자른다.　▶ 실을 잇는다.　스틱을 감아주는 부분

플래그 만드는 법

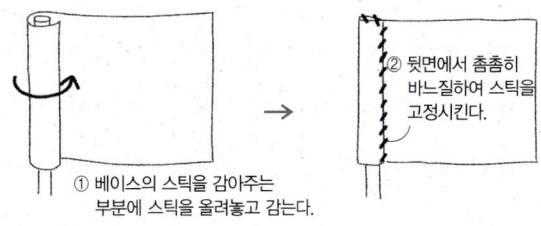

① 베이스의 스틱을 감아주는
부분에 스틱을 올려놓고 감는다.

② 뒷면에서 촘촘히
바느질하여 스틱을
고정시킨다.

자수 도안 A ※베이스 ⓐ · 핑크

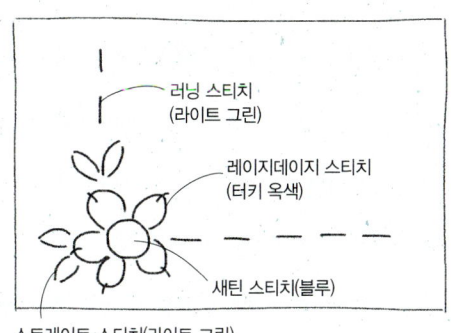

러닝 스티치
(라이트 그린)

레이지데이지 스티치
(터키 옥색)

새틴 스티치(블루)

스트레이트 스티치(라이트 그린)

자수 도안 B ※베이스 ⓐ · 물색

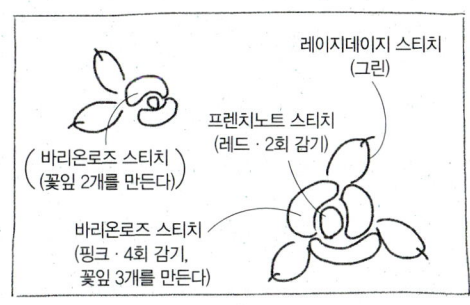

레이지데이지 스티치
(그린)

프렌치노트 스티치
(레드 · 2회 감기)

바리온로즈 스티치
(꽃잎 2개를 만든다)

바리온로즈 스티치
(핑크 · 4회 감기,
꽃잎 3개를 만든다)

BASIC TECHNIQUE 코바늘뜨기의 기본

[○] 코를 만드는 방법(사슬뜨기)

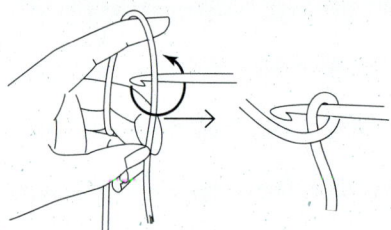

1 실의 안쪽으로 코바늘을 넣고, 화살표 방향으로 실을 한 번 돌려 감는다.

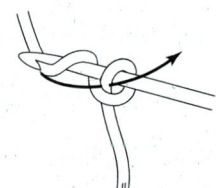

2 교차된 부분을 왼손의 중지와 엄지로 누르면서 바늘에 실을 걸어 뺀다.

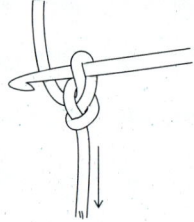

3 실 끝을 잡아당기면 최초의 코가 완성(단, 이 코는 콧수로 세지 않는다).

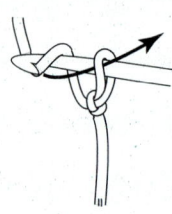

4 계속해서 바늘에 실을 걸어 화살표 방향으로 빼면 사슬뜨기 1코가 완성된다.

5 반복해서 필요한 콧수만큼 뜬다.

둥글게 코 만드는 방법

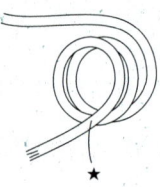

1 손가락에 실을 2번 감아 고리 모양으로 만든다. ★ 부분을 왼손의 엄지와 중지로 누른다.

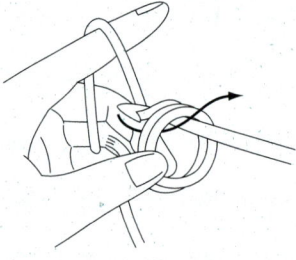

2 고리 안으로 코바늘을 넣고 실을 잡아 뺀다.

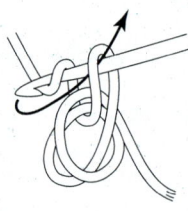

3 다시 한 번 바늘에 실을 걸어 빼면 고리의 첫 코가 완성된다(단, 이 코는 콧수로 세지 않는다).

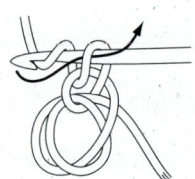

4 위로 솟아오르게 사슬을 뜬다.

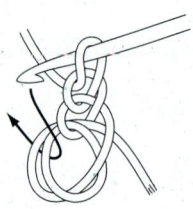

5 고리에 바늘을 넣어 필요한 콧수만큼 짧은뜨기로 뜬다.

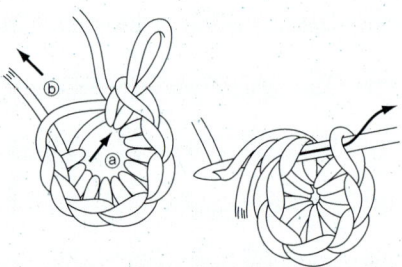

6 처음엔 ⓐ(코를 뜨는 실), 다음엔 ⓑ의 실을 잡아당겨 고리를 단단하게 조인 후 첫째 코의 사슬에서 빼뜨기를 하면 한 단이 완성된다.

⌐+⌐ 짧은뜨기 ※ 짧은뜨기 표준 기호는 〈×〉이지만 이 책에서는 판별하기 쉽도록 〈+〉로 대체했다.

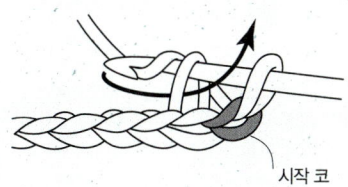

시작 코

1 사슬 1코를 위로 올리고 다음 코에 바늘을 넣어 실을 감아 뺀다.

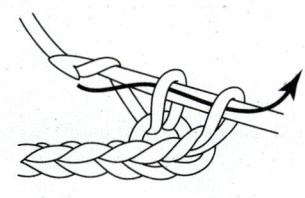

2 다시 한 번 바늘에 실을 걸어 2코를 한 번에 잡아 뺀다.

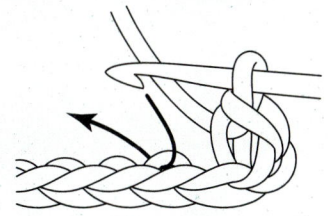

3 짧은뜨기 1코가 완성. 계속해서 같은 방법으로 원하는 만큼 뜬다.

⌐T⌐ 긴뜨기

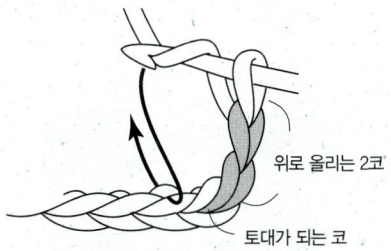

위로 올리는 2코

토대가 되는 코

1 사슬코 2개를 위로 올리고 바늘에 실을 걸어 4번째 코에 넣은 후 실을 뺀다.

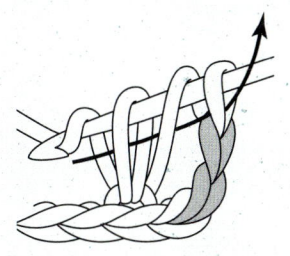

2 다시 한 번 바늘에 실을 걸어 3개의 고리를 한 번에 잡아 뺀다.

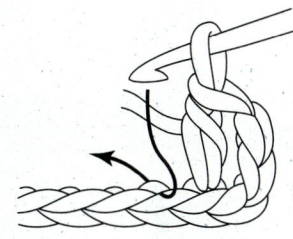

3 긴뜨기 1코가 완성된 상태. 같은 방법으로 원하는 만큼 뜬다.

⌐Ŧ⌐ 한길긴뜨기

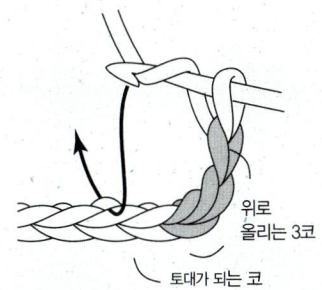

위로 올리는 3코

토대가 되는 코

1 사슬코 3개를 위로 올리고 바늘에 실을 걸어 5번째에 코에 넣은 후 실을 뺀다.

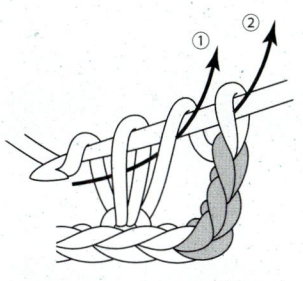

① ②

2 다시 한 번 바늘에 실을 걸어 ①의 화살표 방향으로 실을 뺀다. 다시 바늘에 실을 걸어 ②의 화살표 방향으로 2개의 고리를 한 번에 잡아 뺀다.

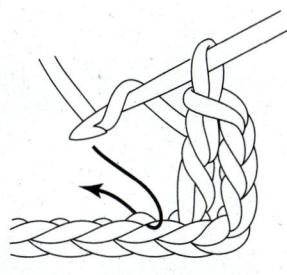

3 한길긴뜨기가 1코 완성된 상태. 같은 방법으로 원하는 만큼 뜬다.

⌐Ŧ⌐ 두길긴뜨기

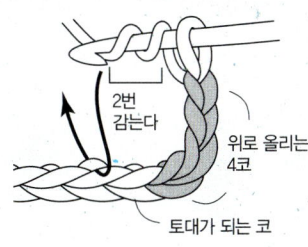

2번 감는다

위로 올리는 4코

토대가 되는 코

1 사슬코 4개를 위로 올리고 바늘에 실을 2번 감아 6번째 사슬코에 바늘을 넣고 실을 뺀다.

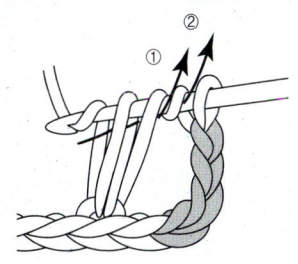

②
①

2 바늘에 실을 걸어 ①의 화살표 방향으로 실을 뺀다. 다시 한 번 바늘에 실을 걸어 ②의 화살표 방향으로 뺀다.

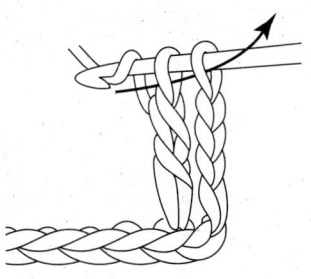

3 다시 한 번 바늘에 실을 걸어 고리 2개를 한 번에 잡아 빼면 2길긴뜨기 1코가 완성된다.

⌂ 빼뜨기

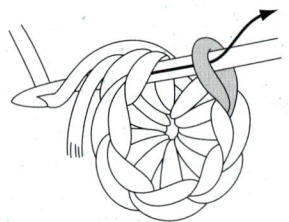

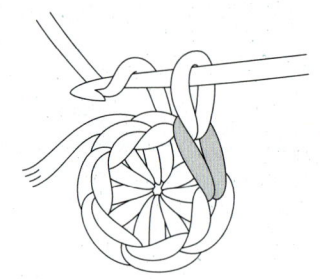

1 마지막 사슬에서 코를 뜨지 말고 빼뜨기 코에 바늘을 넣고 실을 감아 화살표 방향으로 뺀다.

2 빼뜨기가 완성된 상태.

코바늘뜨기 기호를 보는 방법

위와 같이 복수의 기호가 붙어 있는 경우는 앞의 사슬코에 바늘을 넣어(코를 나누어) 뜬다.

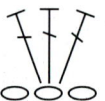

위와 같이 복수의 기호가 떨어져 있는 경우는 앞의 사슬코를 나누지 말고 고리를 떠올려서 뜬다.

⊕ 구슬뜨기(한길긴뜨기 3코)

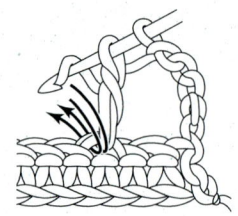

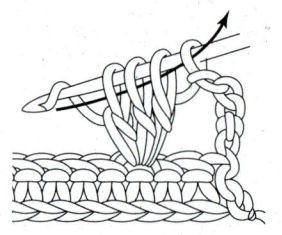

1 한길긴뜨기의 방법 2에서 ①까지를 같은 코에서 3회 반복해서 뜬다.

2 바늘에 실을 걸어 4개의 고리를 한 번에 잡아 뺀다.

3 한길긴뜨기의 3코 구슬뜨기 하나가 완성.

⊥ 백짧은뜨기

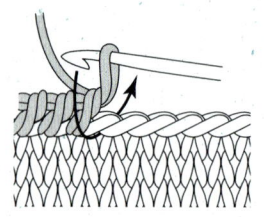

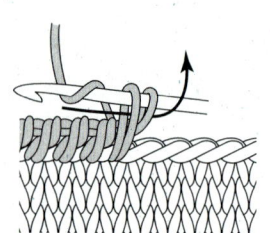

1 사슬코 1개를 위로 올리고 화살표 방향으로 바늘을 넣어 실을 감아 뺀다.

2 바늘에 실을 걸어 2개의 고리를 한 번에 잡아 뺀다(왼쪽에서 오른쪽으로 떠간다).

⊻ 짧은뜨기 2번, 1코에서 뜨기 (코 늘리기)

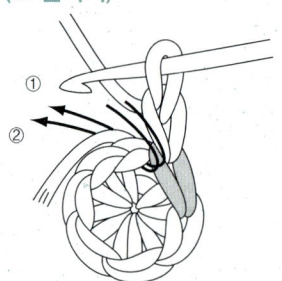

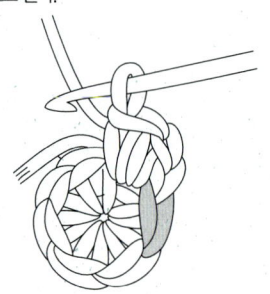

1 ①, ②와 같이 같은 코에 바늘을 넣어 짧은뜨기를 2코 뜬다.

2 1코가 늘어난 상태.

⋏ 짧은뜨기 2코, 한 번에 모아뜨기 (코 줄이기)

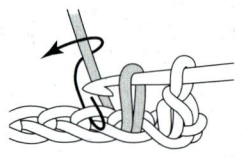

1 앞의 코에 바늘을 넣고 실을 감아 뺀다. 또다시 앞의 코에 바늘을 넣고 실을 감아 뺀다.

2 바늘에 실을 걸어 3개의 고리를 한 번에 잡아 뺀다.

⟨V⟩ 한길긴뜨기 2코, 1코에서 뜨기(코 늘리기)

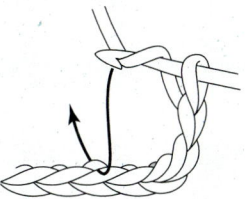

1 바늘에 실을 걸고 화살표 방향으로 넣어 한길긴뜨기를 1코 뜬다.

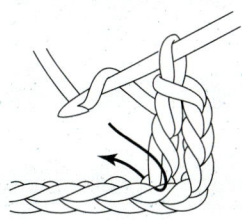

2 바늘에 실을 걸어 같은 코에 넣고 다시 한 번 한길긴뜨기 1코를 뜬다.

⟨A⟩ 한길긴뜨기 2코 한 번에 모아뜨기(코 줄이기)

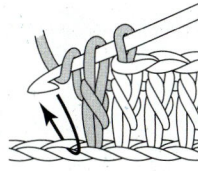

1 바늘에 실을 걸어 한길긴뜨기의 방법 **2**에서 ①까지를 뜬다. 다시 한 번 바늘에 실을 걸어 앞 코에 넣고 같은 방법으로 뜬다.

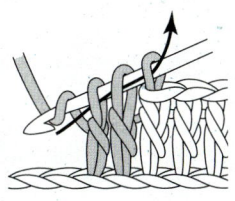

2 바늘에 실을 걸어 3개의 고리를 한 번에 잡아 뺀다.

실을 감아서 이어주기

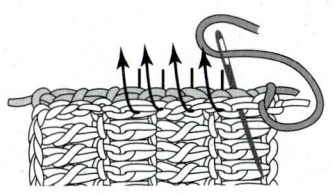

1 2장의 편물을 겉끼리 맞닿게 합쳐, 마지막 단의 코에 화살표 방향으로 바늘을 통과시키며 잇는다.

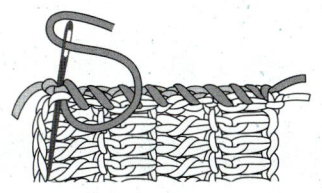

2 4~5번 간격으로 실을 잡아당겨 적당히 조이면서 이어간다.

⟨🌼⟩ 사슬 3코의 빼뜨기 피코트

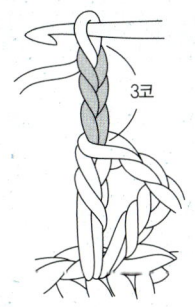

1 사슬뜨기 3코를 뜬다.

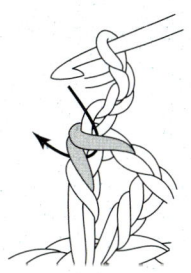

2 화살표 방향으로 바늘을 넣고 **빼뜨기**를 한다.

3 피코트가 완성된 상태.

대바늘뜨기의 기본

코 만드는 방법

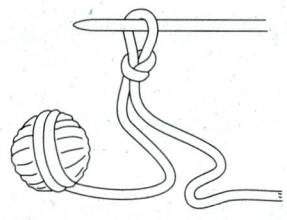

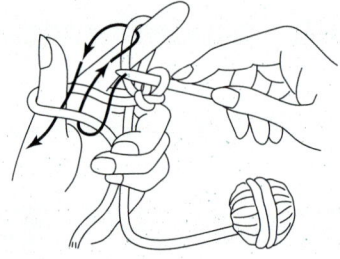

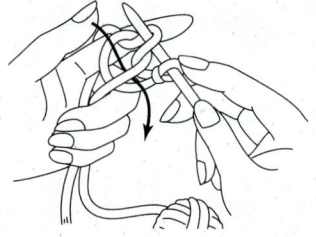

1 뜨는 코의 약 3배 정도가 되게 실 끝을 남기고 고리를 만든 후 바늘을 끼운다. 짧은 실(남긴 실)을 잡아당겨 위로 뺀 고리를 조인다.

2 짧은 실은 엄지에, 실 뭉치와 연결된 실은 인지에 걸치고 화살표 방향으로 바늘을 이동시켜 실을 건다.

3 엄지에 있는 실을 일단 놓아주고, 화살표 방향으로 다시 엄지에 실을 걸쳐 고리를 조인다.

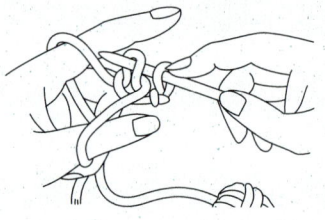

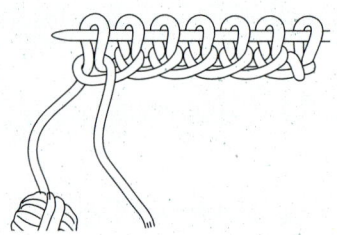

6 코가 하나 완성되는데, 그것이 바로 2번째 코다.

5 필요한 콧수를 뜰 때까지 ②~④를 반복한다.

[｜] 겉뜨기

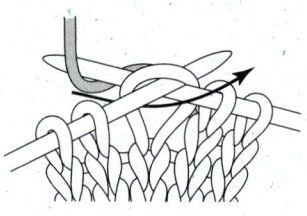

1 왼쪽 바늘의 코에 오른쪽 바늘을 왼쪽 바늘 밑으로 넣고, 오른쪽 바늘에 실을 걸어 화살표 방향으로 뺀다.

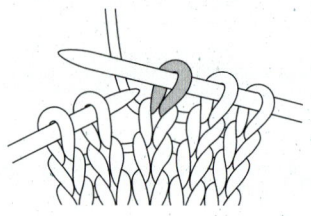

2 왼쪽 바늘의 코를 놓아주면 겉뜨기 1코가 완성된다.

[－] 안뜨기

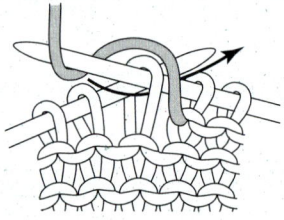

1 왼쪽 바늘의 코에 오른쪽 바늘을 왼쪽 바늘 위로 넣고, 오른쪽 바늘에 실을 걸어 화살표 방향으로 뺀다.

2 왼쪽 바늘의 코를 놓아주면 안뜨기 1코가 완성된다.

[○] 바늘비우기

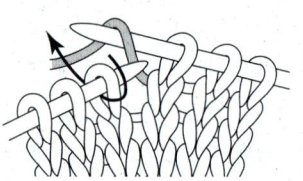

1 오른쪽 바늘에 앞에서부터 실을 걸쳐 다음 코를 뜬다.

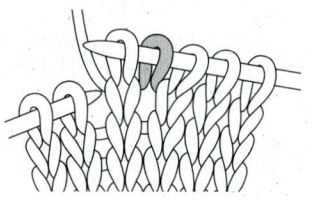

2 뜨기가 끝나면 바늘에 실을 걸친 곳에 구멍이 생기면서 1코가 늘어난다.

메리야스뜨기와 가터뜨기
대바늘뜨기의 기본은 메리야스뜨기와 가터뜨기다. 메리야스뜨기는 겉뜨기와 안뜨기를 한 단마다 번갈아 뜨는 것으로 겉과 안이 다른 모양으로 나타난다.
가터뜨기는 편평하게 뜰 때는 겉과 안을 모두 겉뜨기로 뜨고, 원형으로 뜰 때는 한 줄은 겉뜨기로, 다음 줄은 안뜨기로 떠서 겉과 안의 구별이 없게 뜨는 것을 말한다.

오른 코 겹치기

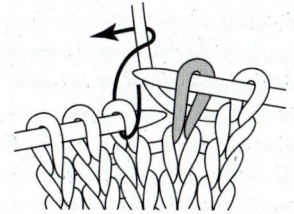

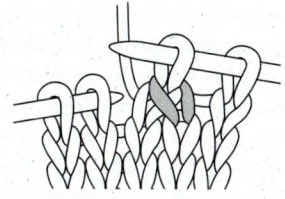

1 왼쪽 코를 뜨지 않고 오른쪽 바늘에 옮겨 놓고, 다음 코를 겉뜨기로 뜬다.

2 오른쪽 바늘에 옮겨 놓은 코를 왼쪽 바늘을 움직여 뜬 코에 덮어씌운다.

3 오른쪽 코가 왼쪽 코 위에 겹쳐 있는 형태가 완성.

왼 코 겹치기

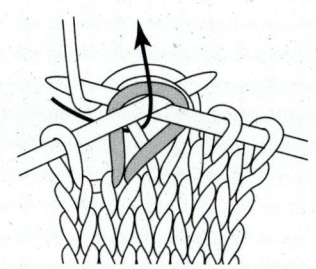

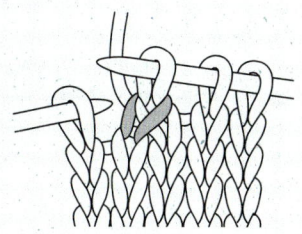

1 왼쪽 바늘의 2코에 화살표 방향으로 바늘을 넣는다.

2 ①의 상태에서 그대로 2코를 한 번에 겉뜨기로 뜬다.

3 왼쪽 바늘에서 코를 빼주면 왼쪽 코가 오른쪽 코에 겹치게 된다.

덮어씌우기

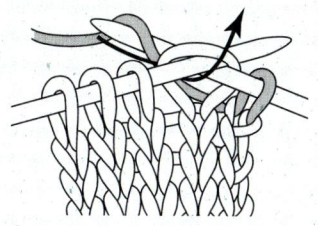

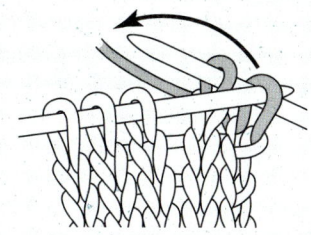

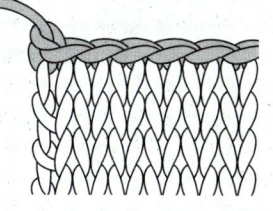

1 겉뜨기 2코를 뜬다.

2 왼쪽 바늘을 오른쪽 바늘의 첫 번째 코에 넣고 2번째 코에 덮어씌운다.

3 다시 겉뜨기로 다음 코를 뜬 후 같은 방법으로 원하는 코만큼 덮어씌운다.

코를 떠올려서 이어주기

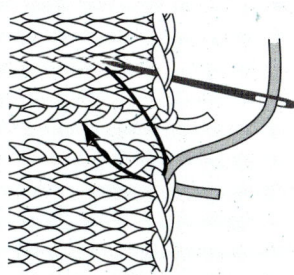

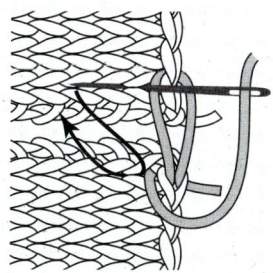

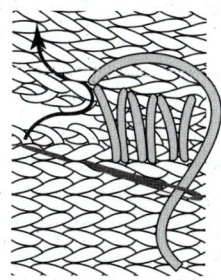

1 편물의 안쪽을 서로 맞대 놓고 양쪽의 끝단에서부터 1코를 떠올려 바늘을 안쪽으로 넣는다.

2 계속해서 좌우 교대로 1코를 바늘로 떠올려 안쪽으로 넣어주면서 양 옆을 이어 간다.

3 중간 중간 실을 잡아당기면서 잇는다.

자수의 기본

도안을 복사하는 방법

① 트레이싱 페이퍼에 도안을 복사

미끄러지지 않도록 테이프로 고정시킨다.

2H 등의 심이 단단한 연필이나 가는 펜을 사용하는 것이 좋다.

트레이싱 페이퍼

② 천, 차코 페이퍼(패브릭용 먹지), 도안, 셀로판을 중첩시킨다.

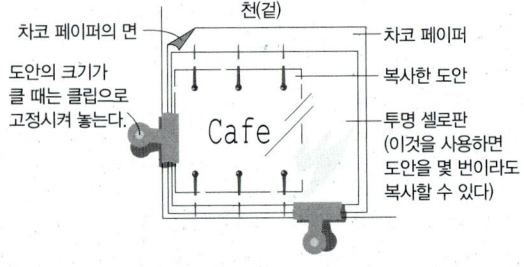

천(겉)

차코 페이퍼의 면

도안의 크기가 클 때는 클립으로 고정시켜 놓는다.

차코 페이퍼

복사한 도안

투명 셀로판
(이것을 사용하면 도안을 몇 번이라도 복사할 수 있다)

③ 트레이서로 셀로판 위에서 도안을 복사

트레이서

잉크가 나오지 않는 헌 볼펜을 트레이서 대신 사용해도 OK.

기본 스티치

새틴 스티치

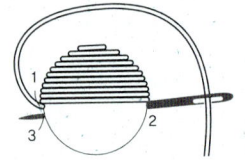

아우트라인 스티치

2~3을 반복한다.

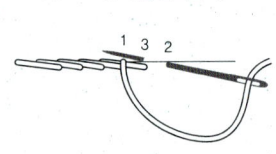

레이지데이지 스티치

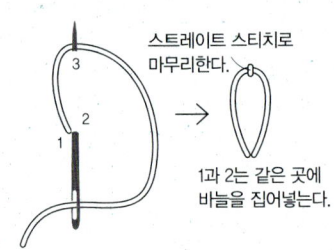

스트레이트 스티치로 마무리한다.

1과 2는 같은 곳에 바늘을 집어넣는다.

코칭 스티치

실 A를 안쪽에서부터 나오게 하여 도안에 맞춰 놓는다.

실 A를 실 B로 고정시켜 간다.

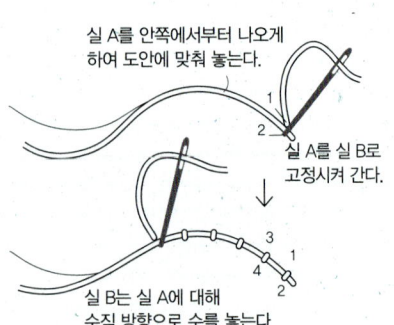

실 B는 실 A에 대해 수직 방향으로 수를 놓는다.

바리온 스티치

실을 감는다
(실을 2~3의 길이보다 길게 감는다).

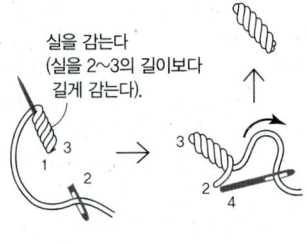

바리온로즈 스티치

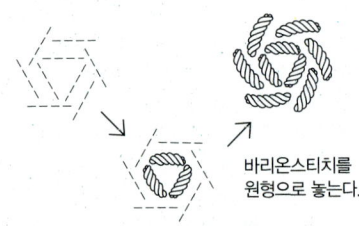

바리온스티치를 원형으로 놓는다.

프렌치노트 스티치

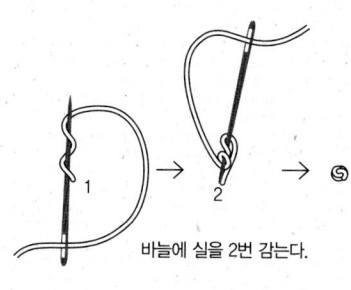

바늘에 실을 2번 감는다.

크로스 스티치

※도안에 맞춰 수를 놓기 쉬운 순서대로 놓는다.

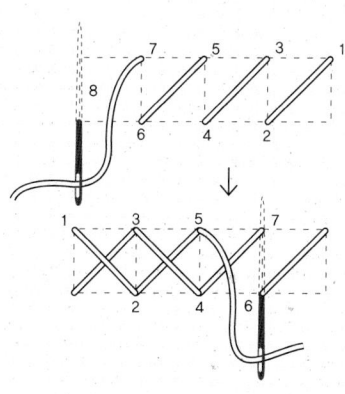

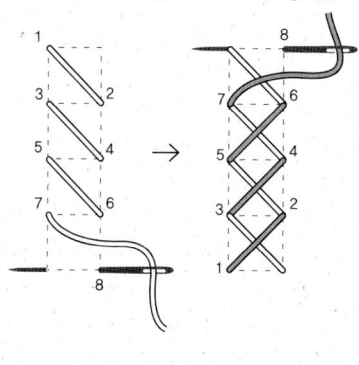

〔토트백 (천) 시접 포함 50% 축소본〕　　　　　※200% 확대하여 사용
how to make p.100

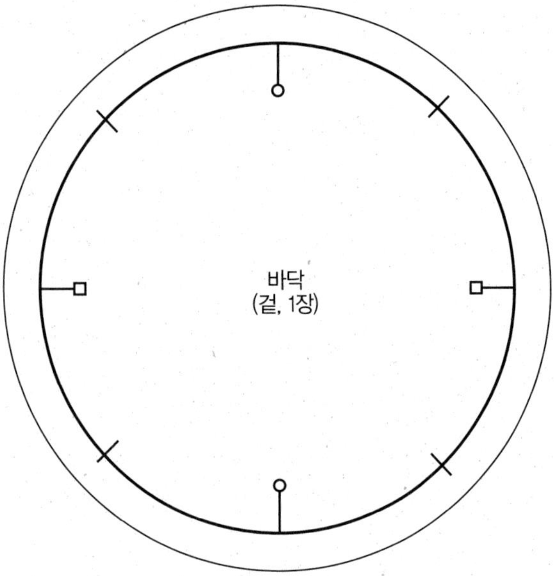

바닥
(겉, 1장)

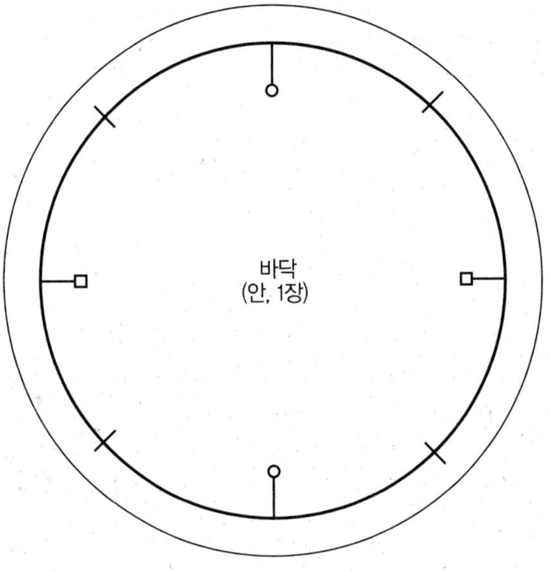

바닥
(안, 1장)

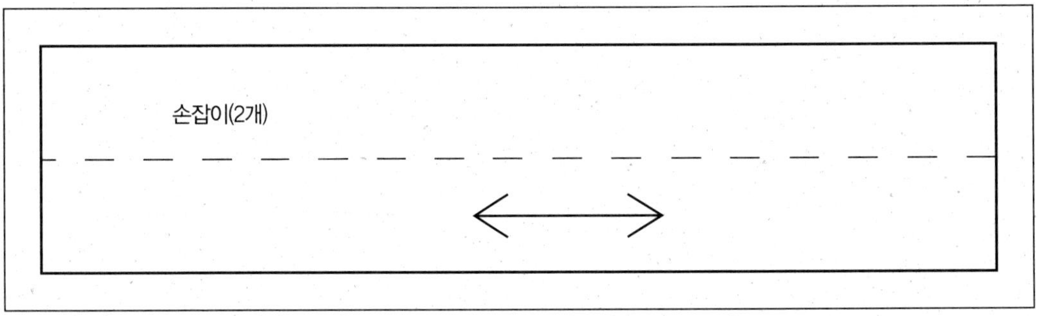

손잡이(2개)

$\longleftrightarrow$

※ 코르사주 잎은 모두 실제 크기

코르사주 잎 · 대
A(4장)

코르사주 잎 · 대
B(4장)

코르사주 잎 · 소
A(4장)

코르사주 잎 · 소
B(4장)

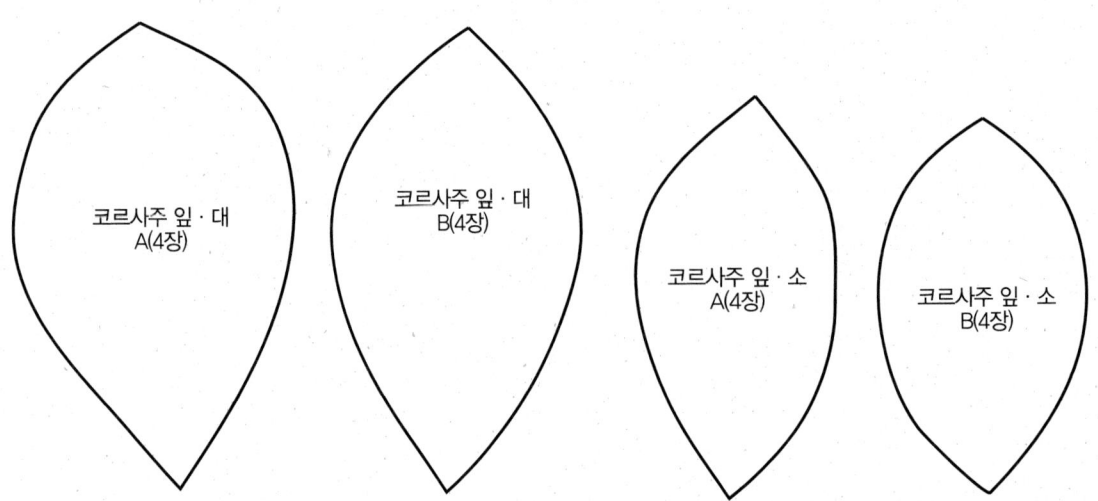

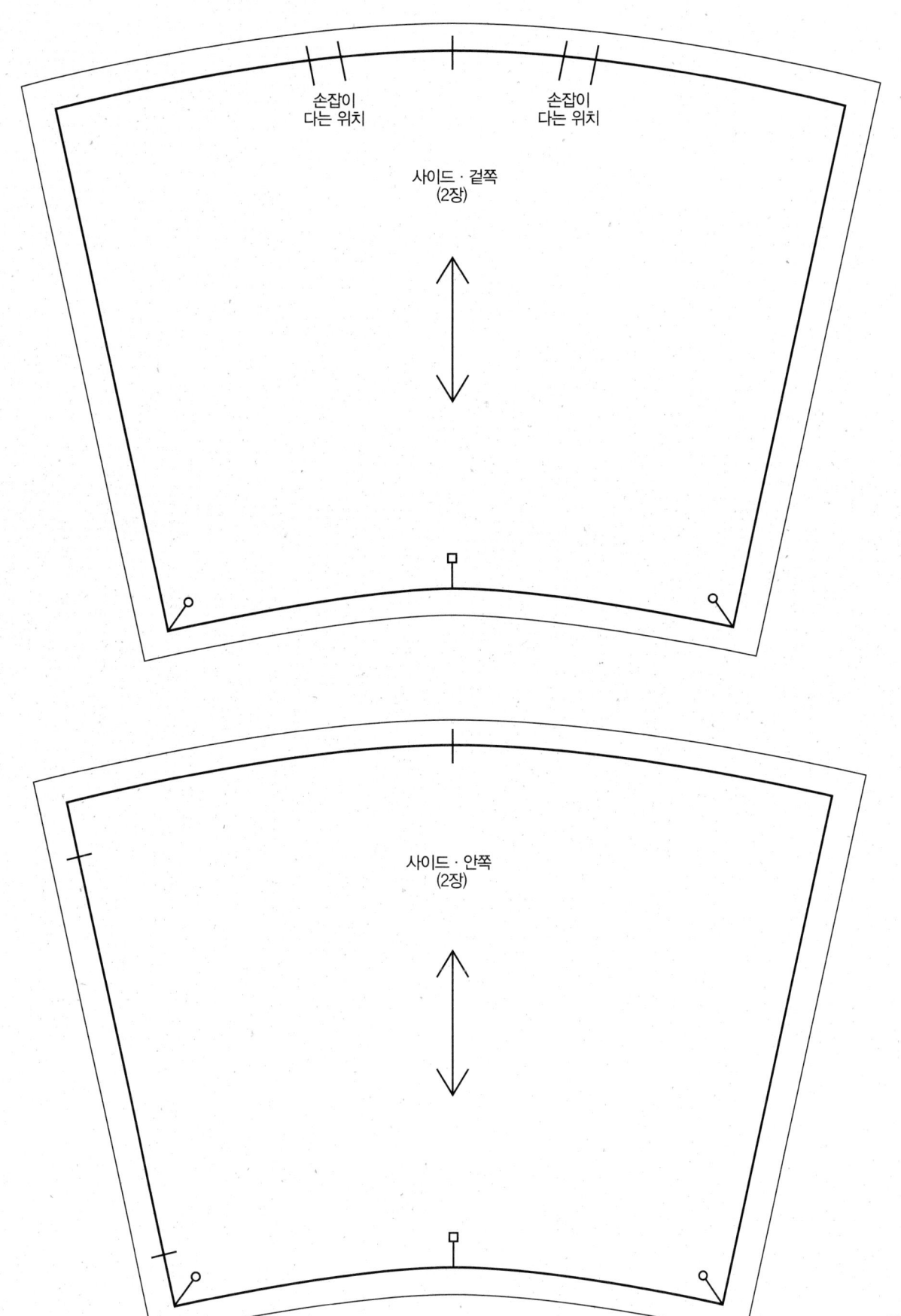

손잡이
다는 위치

손잡이
다는 위치

사이드 · 겉쪽
(2장)

사이드 · 안쪽
(2장)

〔요요 모티브 파우치(천) 시접 포함 50% 축소본〕
how to make p.108

※200% 확대하여 사용

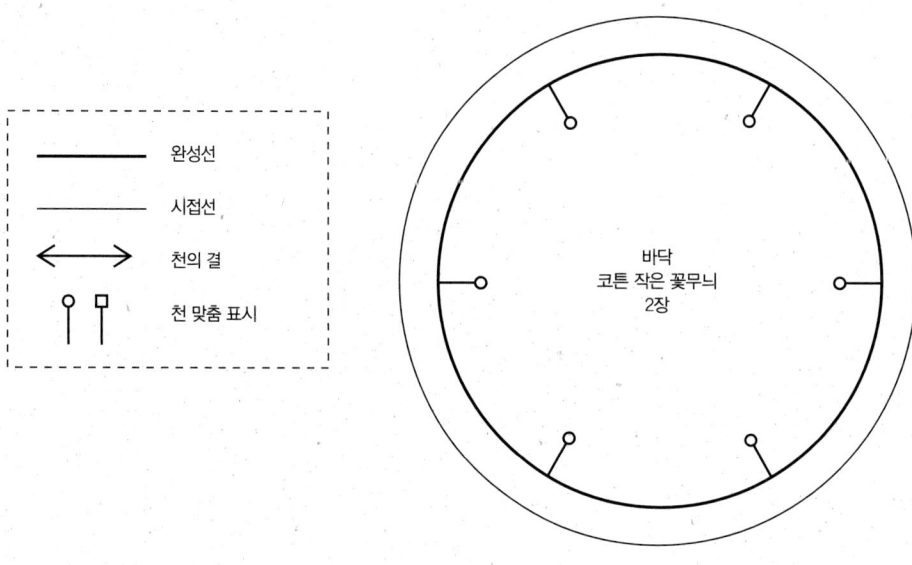

완성선
시접선
천의 결
천 맞춤 표시

바닥
코튼 작은 꽃무늬
2장

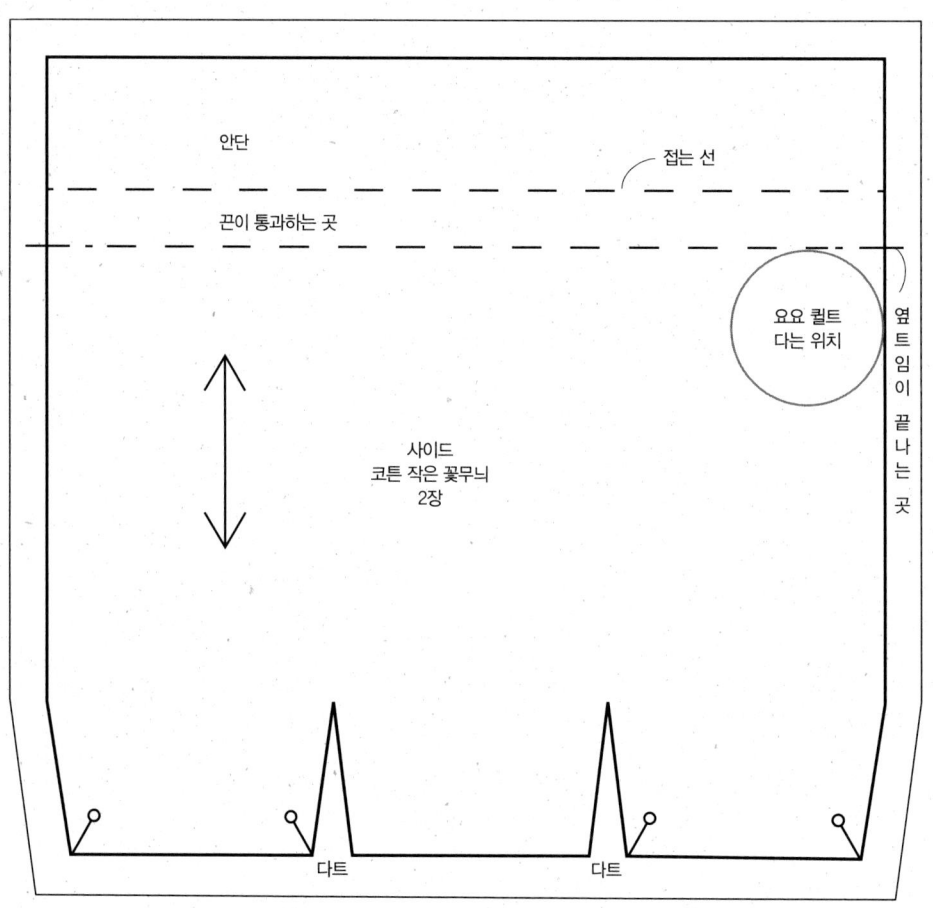

안단

접는 선

끈이 통과하는 곳

요요 퀼트
다는 위치

옆트임이 끝나는 곳

사이드
코튼 작은 꽃무늬
2장

다트

다트

천과 니트
저자 : 료카이 카즈코

Fabrics & Knit
by Kazuko Ryokai

Copyright © 2012 Kazuko Ryokai
Copyright © 2012 Graphic-sha Publishing Co., Ltd.
This book was first designed and published in Japan in 2012 by Graphic-sha Publishing Co., Ltd.
This Korean edition was published in Korea in 2012 by For Book Publishing Co.

이 책의 한국어 판 저작권은 BC 에이전시를 통한
저작권자와의 독점 계약으로 포북에 있습니다. 저작권법에 의해
한국 내에서 보호를 받는 저작물이므로 무단전재와 복제를 금합니다.

바느질로 하나
뜨개질로 하나 더

초판 1쇄 발행 2012년 9월 20일

지은이 | 료카이 카즈코
옮긴이 | 김혜정
펴낸이 | 김우연, 계명훈
기획 · 진행 | fbook_ 김수경, 김연, 배수은, 김진경, 최윤정
마케팅 | 함송이, 강소연
디자인 | design group ALL(02-776-9862)
출력 | 테크 미디어
인쇄 | 미래 프린팅
펴낸 곳 | for book 서울시 마포구 공덕동 105-219 정화빌딩 3층
판매 문의 | 02-753-2700(에디터)
출판 등록 | 2005년 8월 5일 제 2-4209호

값 13,800원
ISBN 978-89-93418-44-6   13590

본 저작물은 for book에서 저작권자와의 계약에 따라 발행한 것이므로
본사의 허락 없이는 어떠한 형태나 수단으로도 이 책의 내용을 사용할 수 없습니다.

※ 잘못된 책은 바꾸어 드립니다.